U0608992

时间很脆弱
别再考验我

夏安 著

民主与建设出版社
·北京·

© 民主与建设出版社，2024

图书在版编目(CIP) 数据

时间很脆弱，别再考验我 / 夏安著. -- 北京：民主与建设
出版社，2016.8 （2024.6重印）

ISBN 978-7-5139-1249-5

Ⅰ.①时… Ⅱ.①夏… Ⅲ.①成功心理－通俗读物
Ⅳ.①B848.4-49

中国版本图书馆CIP数据核字（2016）第204465号

时间很脆弱，别再考验我

SHI JIAN HEN CUI RUO，BIE ZAI KAO YAN WO

著　　者	夏　安	
责任编辑	刘树民	
出版发行	民主与建设出版社有限责任公司	
电　　话	（010）59417747　59419778	
社　　址	北京市海淀区西三环中路10号望海楼E座7层	
邮　　编	100142	
印　　刷	三河市同力彩印有限公司	
版　　次	2017年1月第1版	
印　　次	2024年6月第2次印刷	
开　　本	880mm×1230mm　1/32	
印　　张	6	
字　　数	180千字	
书　　号	ISBN 978-7-5139-1249-5	
定　　价	48.00 元	

注：如有印、装质量问题，请与出版社联系。

目 录
CONTENTS

不想跑的时候，尤其要跑

目 录
CONTENTS

**世界以痛吻我，
我要活出精彩**

我相信，
只要努力就有意义

目 录
CONTENTS

我们自以为坚强，却还是这么软弱

写下你的梦想，
然后挥洒汗水

目 录
CONTENTS

真正想做的人，
不会说太多

不想跑的时候，
尤其要跑

我的动力很简单，
我需要独自面对这个世界，
我需要足够强。
不想跑的时候，尤其要跑，就是这样。

不想跑的时候，尤其要跑

天上不见星光，路上燃着纸钱，江风裹着灰烬扑到脸上，挂在头发上，清明节的夜晚，月小刀奔跑在江滨大道上。这已是他开始夜跑的第46天。

在我所有的朋友中，月小刀最为独特。他曾经为了租屋旁夜间的工地噪音，持续不断地投诉了20天，最终让工地停止了施工。他也曾因为敲我的门没有动静，而"程门立雪"40分钟。隐忍和顽强在他身上并存，他外表有多柔和，内心就有多强大。

小刀的童年辽远而孤单，他在山区长大，父母每天上山干活，就把他放到山下的小溪边，一待就一天，他至今仍然记得那一片鹅卵石的样子。初中的时候，他被同学打了，背摔到石头上，他没敢告诉家里，一个人忍着，直到半年后疼痛发作，才去就医，而这时候小伤已经发展成脊椎关节炎。

初中毕业，上了一年职业高中后，他就退学，一面养伤，一面找工作。他来到一家生产圣诞饰品的外贸私企，那里一片后农业社会的繁忙景象，从五岁的儿童到六十岁的老人，都在一起做工。几年之后，他决定完成自己的大学梦，参加成人高考。

他考上了浙江一所大学的三级学院，所谓三级学院，其实是教育产业化和大学扩招的产物，说是野鸡学院也不为过。当月小刀看到偏安于郊区的校园、狭小的图书室和一群混文凭的同学，心一下子全凉了，他所梦想的大学不是这样。

他要读书，他要转学。但他没有背景，没有关系，更没有钱。他唯一拥有的是跑不累的腿和说不烂的嘴。从三级学院转到二级学院，是一个浩大的系统工程。首先，二级学院要同意接收，其次，总院要同意转学，最后，三级学院要同意放人。

经过了几个月的恳求，二级学院的教务主任被他打动，给他签了接收函。总院院长看到这份函之后，二话不说，带上月小刀，找到教导主任，把公函当面撕碎，怒斥："以后不许开这种后门！"小刀被赶出办公室，在院子里徘徊了半个小时，他做出一个决定。他走进院长办公室，声泪俱下，恳求院长给自己一个学习知识的机会。此后一个礼拜，他每天都到院长办公室去求情。也许是良心被打动，也许是想终止这个噩梦，院长在他的转学申请上签了"拟同意，请某院长酌办"。

这个某院长就是三级学院的领导，也是这个转学游戏中最大的Boss，因为如果他不同意放人，就前功尽弃。而有愿意自己的学院被人轻贱呢？

月小刀忐忑地走进某院长办公室，看到院长在看一份《光明日报》，那标题他至今还记得一清二楚——《中国大学的经营之道》。院长看了他一眼，叹了口气说："你这个小同学，给我们添麻烦了！"小刀正局促难安，但院长接下来的一句话，让他感觉触摸到了天堂的门环："你喝茶还是咖啡？"

就这样月小刀在他梦想的真正的大学里愉快地读了两年，现在他已是一家网站的主编，一个男孩的父亲，一个背负150万元房贷的上班族。债务如刀，人情似箭，生活的压力四面而来，他没有时间抱怨，一切都是未来进行时，只有拼命向前。

搬进新居的当天晚上，他就开始跑步，他说："对我而言，跑步并没有快感。我的动力很简单，我需要独自面对这个世界，我需要足够强。不想跑的时候，尤其要跑，就是这样。"

成为自己的传奇

想到我的高中时代还有两个月就要完结了，我开始焦躁不安，倒不是担心高考和升学，毕竟作为不冒尖的一分子，我对自己稳定的成绩是不抱有侥幸的。只是，我听着各种校园传奇长大，临近毕业却仍没有一段传奇与我有关，我为此感到沮丧。

可是，像我这样的普通人，校园中平凡到不行的"70分先生"，想成为传奇，谈何容易。

我脑海中开始自动搜寻历届的校园传奇人物：隔壁理科班有个胖子，魔方玩得一级棒，再复杂的样子都能在10秒内复原，他手特别快，魔方在他手里就像个烫手的红薯般翻滚；校长的女儿人长得漂亮，成绩又好，是公认的"沈佳仪"，可惜我话都没跟她说过；有个"富二代"哥们儿天天骑摩托来上学，摩托轰鸣声和上课铃声常常交相辉映，虽然那哥们儿长得还不如我，但在校内外名声大噪……

思前想后，要在校园里有传奇无非就是具备以下因素：成绩好、长相好、家境好、有特长，可惜，这些我都沾不上边儿。到底该怎么办？又不想通过低俗的调皮捣蛋、恶作剧来扬"臭名"，更不想撒谎编造些鬼怪离奇故事来装半仙儿。

放学后，为了避免在上下班高峰期坐公交车，我没头绪地来到校内最高的教学楼里闲逛。这栋楼结构复杂，每一层都有5处楼梯，像迷宫一样，没有常驻班级，只有一些实践课的教室、机房、阅览室、实验室什么的，都是一周才上一节的课。我喜欢来这里闲逛的原因是，可以走单调但不重复的路来想一些事，并且不怕迎头撞上人。

我随心所欲地上着楼，每上一层楼换一个楼梯，路过教室的时候，就随便看看里面。走到机房外，我忍不住停下了脚步。机房的防盗窗边缘一根栏杆破损了，形成一个不小的缝隙，如我这般瘦的人是可以钻进去的。估计是哪个调皮男生搞坏的吧，可以溜进去玩电脑。真是搞笑，这种不联网的机子有啥可玩的，顶多就是玩玩金山打字通里的那几个弱智游戏。

唉！这可让我想起一件事儿。学校的机子没联网，但内部单机之间是联着的，有个已经毕业的学长，在金山打字通里的一个打字游戏创下的超高分，几年了无人能破！那个打字游戏我玩得还算可以，如果我能打破这个纪录，我肯定能成为一段传奇！

而要创造这个传奇，我必须使用学校的电脑，每周45分钟的电脑课，完成老师布置的作业后，时间根本不够我来刷纪录。所以，这个防盗窗上的缝隙，是为我而开的！老师锁上了门，上帝却给我开了窗！哈哈，我乐呵呵地顺着缝钻了进去。

我选了一台角落里靠内侧的电脑，确保不会因为屏幕发光吸引窗外经过的老师的注意。这款游戏叫星际大战，就是快速输入每台飞机上的字母以达到打下飞机的目的，又要避免被子弹袭击，没有时间限制，却有受伤次数的限制。游戏不难，并且枯燥，但为了破纪录，我必须要全神贯注！排行榜显示的是前九名的成绩，天都快黑了，我最好的一次成绩才排第八名，跟第一名有4倍的分差。为避免因天色太暗，房间内发出的光引来巡逻的校工，我轻盈地钻出机房回家了。

之后的每一天傍晚，我都以错过上下班高峰期坐公交车，在教室写作业为由，晚一个多小时回家，这并没有让母亲怀疑。我的游戏技艺也在渐渐提高，最好的一次成绩，已经能排到第二名了，虽然第二名跟第一名仍旧有很大的分差。

这一天傍晚，我依然在机房刷着游戏，天色并不黑，却因为我敲击键盘的声音过大，引来了校工。他在窗外看不到我的人，我被电脑遮住了。他对我喊："哪个班的？快出来！"我没有起身，继续大声敲击着键盘，这一盘情况很好，有破纪录的可能，什么都不能影响我，无论窗外的校工怎么喊，我都继续专注地玩着游戏。此时校工已经打开了门，朝我走来！我的手依然没有停，我知道自己已经创造奇迹了，现在要做的就是赶紧输入自己的名字，让所有人知道这个英雄是我！在我正切换中文输入法时，校工已经大步流星地走过来，他伸手去关电脑的开关，我措手不及地按下了回车键，排行榜显示第一名是电脑默认的"用户A"，然后屏幕黑了。

我被揪着离开了机房，我放声大哭，哭得歇斯底里，校工被我的哭声吓到了，放开了我。他根本不会理解我为这一刻做了多少努力，而这一切都被他轻轻一按开关给毁了，我哭着跑出校门，他并没有追上来。

隔天，神秘的"用户A"打破尘封纪录的事传播开来，我跟同学说那个人是我，他们笑了，笑得近乎狰狞，说："你怎么不用真名，你再刷个试试？"如果我足够倔强，我想我会的，可是，我对这件事情已经完全没有激情了，随它去吧。

"用户A事件"让我沮丧了好些天，在我对成为传奇快死心时，我捡到一个东西，它让我的希望之火又被点燃。

我捡到一封信，大概是传达室老师搬运信件时不小心遗落的，寄信人栏是空白，收信人的名字是汤琪，大名鼎鼎的汤琪——校长千金，这个学校没人不知道。出于人道主义，我肯定要把信给她，但是，出于好奇，我又好想知道信里写的是什么。我把信偷偷放进自己的书包，带回了家。

我端出一杯开水，把信的封口放在蒸汽上蒸了一小会儿，封口很容易就揭开了，还没有任何破损——我天生是当间谍的料。我打开信，走马观花地扫视了一遍，哎哟，情书啊，想不到校外的男生也来掺和了，可惜，文笔太烂，别说女神，普通的女生都不会被这信打动。

我虽然成绩一般，文章倒是写得不错。高一的时候，我老帮哥们儿写情书，让我的同桌成功追到一个好姑娘。后来吧，我感觉自己情书写着写着对她有了点儿感觉，不舍得她被别人追走，就告诉她，情书其实是我写的，目的是让她能弃暗投明选择我。谁知道最后偷鸡不成蚀把米，哥们儿不理我了，那姑娘也不理我了，他俩的感情反倒更好。

读书以来，写过那么多情书，居然没有一封是为自己写的。我决定了，我要给全校最优秀的女生汤琪写情书，天天写，要一篇比一篇写得好。我倒没有多喜欢她，只是为了证明自己写情书的才华，最好的情书肯定要给全校最优秀的姑娘啊。再说，没准成了呢，女神的口味，没人知道的。

我没有扔掉那封捡来的情书，我需要它的存在，作为我文采的鲜明对比。从这一天晚上开始，我每天给汤琪写一封情书，洋洋洒洒两千多字，用尽了我所知道的最美的辞藻，每天放学晚离开就为把信偷偷塞进她的抽屉里。

一个礼拜过去了，一点消息也没有，她没有给我来电话和短信，这太不符合逻辑了。文采那么好，那么感人，如果我是女生，一定会像追美剧一样，看完一封想下一封。

十天过去了，还是没有消息！我按捺不住了。在走廊里，我堵住汤琪，问："你收到我写给你的信了吗？"这是我第一次跟她说话。

她表情无辜地看着我说："收到了，还没看，怎么了？"

"为什么不看？"

"这种信我接得多了，不用看就知道是什么内容。你倒是有耐心，天天写，我打算你能坚持写满一个月就看。"

我无法忍受自己的心意和自尊被如此践踏，所谓的女神形象也被眼前这个傲慢又冷漠的丫头完全毁灭。

"你把信还给我，我不会再给你写了。"

"凭什么？你给我的信，那就是我的东西。"

她的态度，让我觉得她何止冷漠，简直是让人厌恶。我没再理会她，径直走向她的教室、她的座位，把她的书桌推翻，把所有的书都倒了出来。那些信果然还原封不动地躺着，我把信一封封捡起，头也没回地走了。

这件事果然让我出了名，第二天来上学，走在校园里总有人对我指指点点。来到教室，坐到位子上，便有人过来问："听说，你被女神拒绝后一怒之下跑到她教室，把她的桌子都掀了？何必呢。想想也是必败的事情……"

"闭嘴！"

我要成为的是经久流传的传奇，不是这种茶余饭后的笑话！我要的也不是名气，只是一件属于我的大事件，好让以后上大学了，工作了，句首出现词语"想当年"时，我能有些特别的回忆。可惜，事与愿违。

你们永远都不明白一个"70分先生"的内心世界，不优秀也不顽劣，路遇曾经的老师大喊"老师好"，人家半天都想不起你的名字。优秀的学生以后是要搞科研的，顽劣的学生以后是要当老板的，我呢？老老实实当小职员吧。

我不再奢望传奇，高考也如期而至。

铃响，起立，再见。

最后的最后，"有一个平凡的男生，为了让自己成为传奇而做了一堆傻事"这件事，成为学校最新的传奇。

你的内心，价值多少

做什么事情都需要钱啊，

想要重新开始，

但是手中却没有钱，

周围也没有能借给我钱的人。

我又要打消自己的想法了吗?

这里有两个人。

一个是日本人，在他9岁时，父亲的公司倒闭，之后以擦皮鞋和卖报纸来维持着生计。他的头脑中一直都有重新开始事业的好点子，但是身上却只有100日元。按人民币来计算，约合8元钱。

另一个是美国人。他的妈妈未婚先育，所以他被迫在养父母的抚养下长大。他虽然考上了大学，却因为经济不允许只能退学。当决定要和朋友开始创业时，他的手上只有1300美元。按人民币来算的话，约合8500元。

他们用这么一点儿钱，能够做些什么呢?

第一个人从9岁开始，在自行车商会做学徒。因为父亲的事业垮台，所以他年纪轻轻就得出来工作。他在那里帮技术工做事，所获得的工资只够他一个人解决吃饭问题。但是，他却比任何人都诚实。

有一天，主人看到他工作的样子，就对他说:

"小家伙，你这么小挺有眼力见儿的呀!要不要做这个试试呢?"

伶俐而又诚实的他，得到主人的信任，并不是一件很难的事情。很快他就成为正式的技术工。

他开发出提高灯泡插口功能的新技术时，年仅24岁。当时他拥有的本钱只有100日元。不仅无法盖工厂，甚至连基本的材料都无法购买。

但是，他的事业却开始了。他开发的"双插口"，从简单的家电产品到尖端的电器产业和原材料产业都能使用。然后，在20世纪80年代，他被日本人称为"管理之神"。在退休之前，他对公司的管理者说了这样一句话：

"请大家想象着10年以后来管理公司。而我会盯着100年之后来改造社会。"

他遵守了这个约定。他虽然仅仅用100日元开始创业，但是在他退休时，用了100日元的1亿倍100亿日元，创立了培养日本政治、经济人才的教育机构。

下面我们听听第二个人的故事吧。

他的情况也不乐观。从小跟着养父母长大的他，因为家中经济拮据，只得退学，但是他依然坚持到学校听课。他所听的课与之前的专业无关，都是哲学和文学。这样的日子虽然贫穷，却十分自由。而这段时间的学习后来成为他人生中最宝贵的财富。

那时他认识了一位朋友，斯蒂夫·沃兹尼亚克，一个非常精通计算机的小伙子。他们志趣相投，通过不断地试验与努力，终于亲手制造出一台计算机。他们抱着计算机就跑到了市场。当时，他们的手中只有1300美元。

虽然他们的第一部作品很粗糙，但是市场的反应相当良好。就这样他们小小的事业开始了。

几年后，他们伟大的作品公布于世。那是超越原有计算机概念的新作品。但是在他30岁的时候，竟然遭受被公司解雇的屈辱，而且还是在自己的公司，被自己亲自选拔的经营团队所赶走。

他心中的痛难以用语言形容。有一段时间他近乎绝望，后来他用剩下的资金开了新的公司。但是，连新公司也倒闭了，他走到了人生的最低谷。大家都认为，他无法重新站起来。如果换作是一般的人，也许真的就此一蹶不振。

但是，他却像不懂得"放弃"为何物一样，重新做起计算机动画片事业。就这样他以一部3D动画片华丽地复活了。然后，他回到了最初创办的公司，从此展开了自己梦想的翅膀。他在公司开发了计算机、手机音乐播放器等等。他的名字在瞬间被世人所知。今天，他的公司成为"卓越的技术和独特的设计理念"的代名词。

这两篇简短的成功记，是两位用很少的钱发家并最终成为世界上最有名的管理大师的真实故事。第一个人是松下公司的创立者松下幸之助，第二个人则是苹果公司的创立者，也是iPod的开发者史蒂夫·乔布斯。

在漫长的人生中，
你拥有多少资产并不重要。
在翻找钱包和口袋之前，
请先看看自己的内心。
看看自己是否渴望成功，
是否有必胜的信心，
是否有热爱他人的情操。
只要拥有这些，
即使只有100日元，或是只有1300美元，
你也一定能成功！

放弃和坚持都是正确的选择

"我觉得不管人类愿意不愿意，必须放弃。生命的力量和宇宙是同步的，任何一种能量的发展，都会推陈出新。不放弃，就不会有新的局面出现。"在新片《无人区》即将上映前夕，导演宁浩在接受记者的专访时，说了这么一段颇具哲理意味的话。也正是因为勇于放弃，宁浩才有了今天的收获。

年少时，宁浩考进了山西电影学校。那时候，喜爱画画的宁浩常常被指派画电影海报。当宁浩在海报上描绘着港星刘德华的形象时，他无论如何也想不到，多年后自己将会和这位天王级的人物合作。中专读完后，宁浩接着又读了大专，学习MV拍摄。也正是这些学习，在他的心里种下了电影梦的种子。毕业后，宁浩被分配到了山西省话剧团，属事业单位编制，待遇好，个人也有很好的上升空间。但是为了追逐电影梦，他有了人生中第一次艰难的放弃，离开了山西省话剧团，来到北京，住在地下室，并在北京电影学院读书。

宁浩一心想做电影，然而阴差阳错的是，录取他的却是图片摄影专业。就这样，他踏进了摄影圈，并在两年后成了有名的摄影师，最高时日薪曾达到3000元。然而，他的心里却始终放不下电影。经过几番思考后，他放弃了摄影师的身份，卖掉了全套的摄影设备，一头钻进了电影拍摄制作的学习中。

那两年，他拍摄了大量的MV，很快就晋升为北京MV的名导，年收入七八十万元。当时他还是北京电影学院的在校生，如果他愿意，完全可以在这条道路上继续走下去。但此时的宁浩再一次选择了放弃，把拍MV的钱全数拿出来去做电影。

对于自己多次决绝的放弃，宁浩称之为"置之死地而后生"，他本就没打算给自己留后路。在他看来，自己唯一正确的道路就是做电影，只有这条路是永远不能放弃和必须坚持下去的。所以，宁浩除了放弃，还懂得坚持。

2003年，即将从北京电影学院毕业的宁浩推出了他的第一部电影《香火》。之后捷报频传，陆续获得了第28届香港国际电影节亚洲数码单元金奖、香港艺术中心"2004年度好电影"奖以及第四届东京FILMex国际电影节最佳影片大奖等多个奖项。从此，宁浩开启了真正的电影生涯。

其实，《香火》在拍摄过程中曾颇费周折。由于国家电影投资的相关规定影响，谈好的一百万元的投资计划泡了汤，宁浩只好自筹了十几万元资金，一个人身兼编剧、导演和摄影数职，在老师和同学的帮助下才完成了电影的拍摄。这次成功，他靠的就是一股自信和对梦想的坚持。

2005年，宁浩准备拍摄电影《绿草地》。可是在开拍前夕历史再次重演，投资方突然撤资，这让宁浩措手不及。当时很多人都劝他放弃拍摄计划，但宁浩倔强地咬咬牙，把自己的积蓄全部拿了出来，投入电影制作。最后由于经费紧张，剧组里的人走了一多半，即便如此，宁浩也没有退缩。这部电影推出后，获得了莫斯科国际儿童电影节金天鹅大奖。

宁浩在追寻电影梦想的道路上，屡屡遇到的最大瓶颈就是资金问题。即使是他的成名作《疯狂的石头》，在拍摄的时候也没能逃过这个魔咒。虽然老板刘德华扶持的"新星导"私募计划作为投资方颇有盈利，但作为导演的宁浩不但没有从中赚到钱，而且在拍摄中途资金短缺的时候，还把自己的片酬都贴了进去，最后弄得连给汽车加油的钱都没有了。也就是那时候，宁浩的心里有了一丝闪念："要不，真的改行？"但这个念头一出，宁浩就咬紧牙关，死死地把它压了下去。他相信，自己终有苦尽甘来的一天。所幸《疯狂的石头》上映后，引起了轰动，这部带着宁式黑色幽默的小制作电影不但令观众好评如潮，而且还斩获了国内国际数项大奖。同时，宁浩的过人才华也引起了投资方的关注，很多人都来找他拍电影，从此他再也不用为拍摄资金发愁了。

对宁浩来说，如果人生是一艘航船，放弃是经线，坚持就是纬线。勇于放弃，才能修正方向；敢于坚持，才能乘风破浪。只有经线和纬线都不缺，航船才能到达成功的彼岸。

有些事情，不需要等到只欠东风才去做

　　午夜梦回里，我时常怀念当初坐着小面包车颠簸在云南的蜿蜒山路上，那些一手一脚垒起来的幸福哇，总是显得那么弥足珍贵。

　　我想但凡有些小女生情结的人都会有这样的一个梦想——开一家咖啡馆、西餐厅、小清吧，或者小客栈。

　　我有个不大的小院子，三面环水，白天晒太阳，晚上看星星；院子里有碧绿的草坪，种几棵栀子花或者白玉兰，浇花除草施肥，等花开花落；在洱海边有个大大的木板露台，吹海风，看斜阳；有个不大的壁炉，烤火烤肉烤地瓜；有面墙的书柜，有个开放式厨房，有高大落地玻璃窗，有不拉窗帘直接观海也没关系的房间，有两只可爱的萨摩犬在草地上跑来跑去……

　　梦想照进现实的时候，是没有讨价还价的，所有的一切都得扛在肩上。

　　或者在你们的眼里，我是自由且幸福的，但是关于今天的幸福，还是有老长的一段故事，有汗水，有泪水，午夜梦回里，我时常怀念当初坐着小面包车颠簸在云南的蜿蜒山路上，那些一手一脚垒起来的幸福哇，总是显得那么弥足珍贵。

　　好吧，如果你有时间，我们就从头说起，我的"晴天"是怎么雨后天晴的。

　　2008年年底，我来到了当时大理很不知名的小渔村——双廊镇。那是第一次到双廊，这一次意外的旅行，让我非常欢喜，也注定我和这里有着解不开的缘分。

一天下午和洱海边院落的主人聊天时得知，房东是外嫁双廊的女婿，算是这里第一代外地人，和我父亲差不多年纪，典型的商人。

越说越投缘，就这样，以每年5万元的年租金且年付的优越条件，我签下了合同。

没有太多的参考，就按我自己的喜好来吧，我喜欢的院子，干净、明亮、温馨、舒适，还有点小情调。房价嘛，针对都市白领和家庭旅行的情侣为主。硬件要好，比如水、电；软件要跟上，比如院子里的花花草草，配备的各种咖啡水果，有足够大的公共空间喝茶，看书，晒太阳，目标定价在200~300元之间。房间数量因地制宜，不要太多，就十来间。

我跑到银行，一张一张查询自己的银行卡，开始归总，把这么些年的积蓄全部倒出来。算来算去，还是心里有点凉。我就那么30万元，离预算的初始资金50万元还是差了长长的一截。

该找谁帮忙呢？

忍不住给爸爸打电话，说明情况后还不忘补充一句：老爸，万一我失败了怎么办？爸爸一本正经地说：去做吧，丫头，知道你的个性，不会轻易罢休回头的，我们尽量帮你凑，失败了家里还有三分田地，养你也该够了。泪水啊，就从眼角吧嗒吧嗒地掉了下来。

还得感谢一个朋友，我的闺蜜，慷慨解囊，从自己的小本营生中抽出了一部分，给了我莫大的勇气，在物质和精神上都狠狠地支持了我一把。

就这样，"晴天客栈"小工地热火朝天地开始了。

第一件事就是买足够的装修和建筑材料：木料、水泥、沙石、腻子粉、钢材，等等。

那段日子过得是相当漫长，而且非常辛苦。

我始终是一个人在战斗。

凌晨5点多起床是常事，一般到晚上才会满载而归，还得拖着工人大哥慢点下班，帮我把建材搬进去，偶尔没有工人的时候，自己也就凑数，客栈一楼的所有木地板都是我一箱一箱扛进去的，第二天看着红肿的手臂，我悄悄地抹了点红花油。也累病过几次，在住的客栈里泡脚，针灸，揉药酒。第二天，还是继续像个男人一样干活。

装修是个煎熬的过程，其间很累，很苦，很多委屈，跟建材商磨，跟包工头磨，跟自己的内心磨，很多时候，梦里梦外，都是装修。

没有专业的设计师，没有专业的内装团队，只有我自己和一大堆身边至亲的人、至亲的朋友在帮助和鼓励我。

在双廊建房子搞装修不是件简单的事，要熬，再熬，继续熬。下雨天，是师傅棋牌麻将时间，不出工；请客天，不管村里谁家办事，大家都到齐帮忙，不出工；师傅之间聚会，吃吃喝喝，不出工……直到熬到自己没有脾气，熬到村里请客自己也去凑个份子，熬到和当地人打成一片，入乡随俗。终于，熬到云开见月明。

2009年的圣诞节，随着一帮朋友放着鞭炮，提着柴火（财），捏着红包到来，"晴天客栈"总算开张了。

关于"晴天客栈"的名字，一直都没有什么悬念，用了我的小名"晴"，我养的第一只狗天天的"天"，晴天，晴晴的一片天，自己觉得很讨喜。

至今，"晴天客栈"正式营业一年零三个月，一切状况都挺好，其间重新调整了院子，布置得更温馨，更舒适些。来"晴天"的朋友，对于这里打心底喜欢，就是我目前最大的满足。

这一年运行下来，效益总体不错，大多数都是朋友推荐自己的朋友再来，很多都成为很好的朋友，回收成本当然没有这么快，预计三年吧，不管最后的经济效益如何，我都不后悔自己做出这样的决定，不是一时冲动，而是经过深思熟虑，且认为我能为我选择的这条人生路负责，最起码我赚了这些年舒适又健康的生活。

现在的双廊，处于正在开发的状态，越来越多的小客栈甚至大酒店陆续进驻，对于双廊的未来，我只希望开发和保护一体，凡事有个度，让山依旧秀丽，让洱海依旧清澈，对于"晴天"的未来，我希望院子里花开不败，住在这里，每一个人都能安稳地睡一个好觉，做一个好梦。

我想对即将去实现梦想的您说：

我想我并不是一个出租房间的商人，我在出售我自己的一种生活方式，可选择的一种生活方式。

这种生活，唾手可得，只要你，拥有足够的勇气，够独立，有担当，沉淀越来越豁达的心态，我想，不管在世界的任何角落，你都可以面朝大海，春暖花开。

有些事情，不需要等到只欠东风才去做，岁月，青春，仅存的面对未来的勇气，有时候就是一瞬，告诉自己，我可以，我很好，我一定做得到。赢了内心那个脆弱的自己，我想不管年方多少，我们又都成熟了一些。

祝您勇敢！

擦皮鞋的银行家

地处华尔街繁华地段的黑石集团是美国最大的上市投资管理公司，这里聚集了世界一流的交易员，但也不乏擦鞋匠一类的"闲杂"人员。

这里的擦鞋匠都是着装统一的合同工，在公司内部有着"擦鞋技师"的美称。每个擦鞋匠负责交易大厅的不同区域，先把要擦的鞋快速收走，并附上消过毒的拖鞋，让交易员们穿上工作。

这件看似简单、有序的工作，在毛里西奥·迪亚斯到来之前却是糟透了的。擦鞋匠为了赢得生意，提着擦鞋箱在办公区内东进西突，像猎人一样到处逮猎物。交易员工作忙，实在是挤不出时间来擦鞋，公司也就只好睁一只眼闭一只眼，任由擦鞋匠恣意横行。

去华尔街擦皮鞋，这是迪亚斯梦寐以求的事。当他提着擦鞋箱，站在黑石集团的高楼前，眼睛死盯住穿着锃亮的皮鞋进进出出的交易员时，他脑子里一片迷惘：他们行色匆匆地从我面前走过，连眼皮也不抬一下，我还能在这里立足吗？

后来，迪亚斯才得知，这里的员工确实太忙了，他们大多是在上班时，一边工作，一边让擦鞋匠擦皮鞋。这些擦鞋匠都有固定的顾客，不是随便哪一个人就能揽到活儿的。像迪亚斯这样的新人，别说擦鞋了，能站在高楼前没挨揍，已经算不错了。

在高楼前徘徊了几天，迪亚斯终于看出了其中的端倪——黑石集团是一个人才竞争激烈的地方，几乎每个星期都有老员工被炒和新员工被吸纳进来的事出现。

"既然老员工都被先来的擦鞋匠抢走了，那就从新员工身上着手吧！"一个星期后，迪亚斯"候"住了新来的员工邓恩。邓恩第一次去擦鞋时，迪亚斯压根儿就没收钱，而且还"骗"他说："总裁已经替你埋了单，他想用一个很棒的、温暖人心的方式来欢迎你入职。"

邓恩成了迪亚斯的老主顾，"骗局"也被揭穿，听到此事，黑石集团的总裁罗森深受感动，并愿意见见迪亚斯——这个暗中帮过自己的人。

一见到罗森，迪亚斯便大胆地提出了自己的设想：培训一支训练有素的擦鞋队伍，让擦鞋匠能够与交易员一样光鲜起来，成为黑石集团一道亮丽的风景。罗森肯定了他的想法，并给他提供了很大的支持。

一段时间后，迪亚斯终于打造出了一家属于自己的擦鞋屋。顾客有来自巴克莱、摩根士丹利和美银美林等公司的上万名员工。高盛的首席执行官乔恩·S.科尔津说："擦鞋屋的收费是每双皮鞋6美元，而这栋写字楼大堂里的其他擦鞋匠每双皮鞋只收3美元，但我更愿意来这里。不为别的，就是想听听迪亚斯对经典服务的高见。"

迪亚斯的成功，引起了罗森的注意：一个人能把一帮擦鞋匠带好，也一定能带出一个响当当的团队来，黑石集团正需要这样的人。就这样，迪亚斯成了黑石集团一名年轻有为的高管，由一个拿着擦鞋箱的擦鞋匠变成了一名拎着公文包的银行家。

令罗森和所有人震惊的是，迪亚斯原来是一名毕业于哈佛大学的高才生，曾就职于帝杰投资银行。帝杰被出售给瑞信之后，他失去了在帝杰的工作。作为一名失业者，如何让别人瞧得起呢？迪亚斯从失业那一刻起，就下定决心去华尔街擦皮鞋，因为那里离黑石集团很近！

迪亚斯凭借"旁门左道"实现了自身的价值，他的成功经历，也被写进了哈佛大学的教学案例，其中有一句话是这样写的："如果不能去华尔街当职员，那就去华尔街擦皮鞋吧！"

再添一点火，成功就来了

　　在我们的想象里，失败是成功的反义词，失败与成功绝缘，在失败的废墟里，不可能挖掘到成功的金子。

　　从1868年发明开始，塑料是绝缘体已成为人们的定论。直到20世纪末，美国科学家艾伦教授发明了导体塑料，才打破了这个百年定论，艾伦教授也因此获得了2000年诺贝尔化学奖。

　　艾伦教授是怎样发明导体塑料的呢？

　　那是1975年，艾伦教授到日本进行学术交流，在一所大学实验室的墙角里，艾伦教授发现了一堆废弃的塑料，日本的教授告诉他，这是一个学生做实验失败时留下的废品。艾伦教授把这堆别人认为没用的废品带回国进行研究。一次，艾伦教授在这堆废品里加入微量的碘，想不到，它的导电性能竟然提高了1000倍，成了性能优秀的导体塑料，从而打破了"塑料不能导电"的传统思维，震惊了全世界。

　　本是一次失败留下的废品，艾伦教授只不过在这堆废品里加入了一点点微量的碘，性能就发生了根本的改变，从绝缘体的塑料变成了导体塑料，从毫无用处的废品变成了价值不菲的宝贝，艾伦教授出人意料地从失败的废墟里挖掘到了成功的金子，谁又能说失败不是通向成功的一种导体呢？

　　失败并不是固定不变的，失败并非与成功绝缘，失败只不过是差了点火候的成功，就像你把1℃的水加热到99℃，这期间看上去你都是"失败"的，因为你并没有改变水的状态，水仍然是液态的水，但这时只要你再加一把柴，再添一把火，让水再升高1℃，水的状态就会发生根本性转变，从液态而升华成气态。人生也是如此，失败并不是最终的定论，失败也并不是走到了人生的绝处，此时你只要再添一点点热情，再添一点点信心，再添一点点勇气，这添加的一点点的热情、一点点的信心、一点的勇气，就会像艾伦教授添加在废塑料里的那一点点微量的碘，使失败成为通向成功的一种导体，最终与成功接通，点亮人生的辉煌。

当你身处失败时，请别忘了艾伦教授的实验，别忘了艾伦教授的实验给我们总结出的一条人生定义：失败是差了一点火候的成功，失败是通向成功的一种导体。

机会就在自信自强的勇气里

周末，我去参加了小杨的婚礼。作为同乡，我十分清楚这些年以来小杨付出的艰辛，现在看到他就要成家了，从内心里为他高兴。

小杨并不是一个天资聪颖的人，当同学们都拿到大学录取通知书的时候，他悄悄地背着行李，从鲁西南的乡村来到了省城的一所铁路职业中专。他常常到我的家里来，诉说对前途的无奈。现在好的本科生都很难就业，哪里会有一个中专生的饭碗呢？

我也没有更好的话可以安慰这个一直在思考着自己的前途和命运的青年，就总是用那句老话鼓励他："好好努力，机会总是会有的。"

转眼间，两年过去了，小杨要毕业了。他参加了几次人才招聘会，把自己的求职简历投递给了无数单位，却没有接到任何的反馈消息。到了就要离开学校的时间了，如果再找不到单位接收他，他就必须回到自己的农村老家去。

他在省城的马路上徘徊着，思考着自己的人生之路。在走到和平路东首的时候，路旁"铁道部第×工程局"的牌子吸引住了他。他仔细看着大门口企业文化宣传栏上的企业简介：有企业的业务范围，有企业这些年的成就，也有企业领导人的姓名。突然间，一个念头从他的脑海中闪过——我为什么不自荐到这里呢？我学的专业适合这家单位啊。

他没有更多的机会等待了，回到宿舍就拿起笔，毫不犹豫地在信纸的抬头上写上了局长的名字，然后备述自己的专业知识，详尽地介绍了自己出身农村的经历，并强烈地表达了自己献身铁路事业的雄心壮志。他在信封上写上了这家单位的地址，写上了局长的姓名，抱着破釜沉舟的勇气，第二天把信投进了邮筒。他想，能够把自己推荐给这家单位的最高首长，让他看看一个农家子弟决心报效国家的雄心，即使不被录用也可以心安。

把自荐信投递出去以后，他忐忑不安地等待着。他只能依靠奇迹，因为如果一旦进入正常的招聘程序，首先学历这一关他就难以逾越。

第三天的上午，他的手机响了，那家单位的办公室负责人打来电话，让他立刻去人事处。他匆忙坐上了公交车。到了那里，人事处的工作人员给了他一张表格，那是人事录用表格。他怀着极其兴奋的心情填完了。工作人员告诉他，局长十分欣赏他的勇气和胆量，并说，他们单位需要这样有勇气的青年，他被破格录用了。

上班的第一天，局长找他谈话并告诉他，自己最欣赏这样有勇气的青年，最讨厌那些还没有走出校门就想着走歪门邪道的人。上班不久，小杨被派去青藏线建设指挥部，他的出色表现很快赢得了人们的赞誉。完成任务回来的时候，他受到了通令嘉奖。

小杨从青藏线回来就到我的家里来了，还带来了他美丽的未婚妻——她是局长的千金，一所重点大学的毕业生。参加小杨婚礼以后的几天里，小杨的影子始终在我的眼前晃动。我一直在想，有多少才华失落在尘世间，有多少机会与自己擦肩而过，就是因为缺少一点勇气啊。人生的机会在哪里？就在自己的手中，就在你自信自强的勇气里啊。

没有走过的小路，也有盛开的鲜花

那次，我们骑摩托车去喝喜酒。爱人喝得多了点，怕走大路被警察发现，就走了一条我们从来没有走过的小路。

春色正好，杏花已经开始凋落，桃花和菜花才开始盛开。

而那条小路两边，不远就有成片的果园。路的两边是排水沟，排水沟的两边，又大都种了油菜。就这样，粉红的桃花和娇艳的菜花，交相辉映，真是美到无以复加！那景色、那声势、那韵味，只一个繁花似锦，是怎么也不能形容的！

沿着弯弯曲曲的小路飞奔，一边赞叹着，也一边感悟着：本来为了躲避警察，才选择了这样的小路，不想我们却在这最弯的小路上，看到了最美的风景。

自从有了这样的经历，再回老家的时候，就不走大路了，因为那条国道上，来往的车辆实在太多，除了阴雨天的时候，平时总是尘土飞扬。

昨天，我们又回老家。路两边的果园里，正是'树头花落，绿叶成荫'的时候。这时候的果园，大气而低调，所有的果树，都静默着。它们正在酝酿着另一场更加华美的盛宴，它们正在积聚所有的力量，孕育着自己的果实！因为，到了秋天，果实成熟的时候，才是这果园、这果树最华美、最震撼的时刻！

此时虽然已经是暮春时节，但路两边的花儿，依然没有减少：虞美人开了，蒲公英开了，一丛丛一片片，美艳无比。蔷薇花开了，梧桐花开了，当然最多的还是洋槐花。此时此刻，洋槐花正在凋落，微风吹来的时候，落花如雪，片片飞扬。

蔷薇花和玫瑰花却开得正好。总是在你不经意的时候，突然从路边横斜出一枝玫瑰花，或者突然耸起一架蔷薇花。这些花儿，浑然忘我地盛开着，一朵一朵纯美空灵、清香四溢，招引得那些蜂蝶，上下翻飞，好不热闹！动和静，就这样完美地结合在一起！盛开的和凋落的，就这么完美地相映在一起！

人，总是在最弯的路上，看到最美的风景！在最暗的黑夜，看到最亮的星星！所以，无论你遇到什么样的境地，都不要绝望！

那天和一个朋友一起吃饭。他现在在北京，有自己的房子、自己的生意，每年回来的时候，我们都要聚一聚。

很自然地，我问起他当年的时候，为什么选择了只身出去打拼，而不是在家娶妻生子，终老乡里。

他说，当年他父亲做生意赔了好几万多块钱，家里连日常的生活开支，都难以为继。迫不得已，他才选择了外出打拼。打拼了两三年，终于还清了父亲欠下的债务。但就因为有了这两三年的打拼和积累，使得他无论从眼界、从心胸还是从胆识，都发生了很大改变。从而也让他觉得，世界上任何一种新鲜事物，都没有绝对的分界，也没有明显的门槛，只要你用心去做，你就能成功！

他没读过大学，也没有相应的技术，当年出去的时候，心里难免绝望，也难免有怨言和怨气。但现在想一想，如果不是父亲当年做生意赔了那么多钱，他现在可能还在老家，日出而作、日落而息，早早地就结婚生子，像他的大多数同龄人一样，再过几年就当爷爷了！如果不是父亲当年做生意赔了那么多钱，他一辈子也不可能走出山东，走到北京去，更不用说在北京安家立业了。

一个人，不被逼迫到山重水复的绝境，就永远不能领略到柳暗花明的惊喜！

每天去打太极拳，压腿的时候，和那些姐姐们说笑。然后我才知道，她们都是酒厂的下岗工人，但她们现在每个人都活得非常精彩！她们因此也常常感叹，如果不是赶上下岗这样的事儿，她们一辈子就老死在酒厂里了，她们一辈子也不知道，自己的后半生，还可以做这么活！

　　只要你身处绝境不绝望，人生就充满无限的可能！不要怕走弯路，不要怕失败，不要怕什么行规和门槛，因为，人总是在最弯的路上，看到最美的风景！在最暗的黑夜，看到最亮的星星！

喜欢什么，就把它做好

[1]

楼婷婷是我的邻居，大我一岁。她从小喜欢孩子，比她小的就行。她留过级，插班和我做同学，成绩仍不好。班主任说，她是糨糊脑袋，还当着全班的面，用指尖戳她的眉心："你以后能干什么啊？"

那天晚上，我们结伴回家。

她垂头丧气："你说，以后，我们能干什么呢？"

"我想当三毛。"我踢着石子。

"我呢？"她自嘲道，"拉板车？扫厕所？"不知为何，听来分外忧伤。楼婷婷解压的方式是做手工。她将一块花布裁成几片，分别裹上棉花，缝合、组装后，就是头和四肢。她再用两粒黑扣子做眼睛，将黑毛线搓成头发，或扎，或披；等她给娃娃贴上绒布红嘴唇，就大功告成了。中考结束，楼婷婷送给我一个娃娃。

[2]

楼婷婷读技校的最后一年，在工厂实习，工厂主打产品是洗衣机，她的工作就是搬洗衣机。能找到这样的单位已是楼家父母能力的极限，所以，她胳膊都肿了，也不敢轻言放弃。

一日，楼婷婷兴奋地跟我说，妇女节有个比赛，她获奖了，参赛作品是布娃娃。她兴奋，显然不止为一张奖状："幼儿园园长好喜欢我的娃娃，问我有没有时间教他们的老师做。"

"或许，你从此就能去幼儿园工作呢？"我启发她，"总比在车间搬洗衣机舒服吧？"

她为此付出诸多努力。

她做了很多布娃娃，又渐渐从娃娃拓展到各种动物，十二生肖、恐龙，各种指偶。

她还来找我借高中课本，她打算参加成人高考，因为园长说，需要大专学历。

"早干吗去了""当年不好好学习，现在……"楼爸爸总是以吼的方式表达心疼。

可她跟我谈更大的梦想。她说，最喜欢的事，就是哄一堆孩子开心，她最擅长的也是如此——她从小就享受做孩子王的感觉。

[3]

她终于成了幼儿老师。两年后，幼儿园撤销了。

于是，她办了"买断"，跳槽去一家民办幼儿园，回娘家时，楼爸爸又用吼的方式表示关爱："好好的国企、保险怎么办、退休怎么办。"但木已成舟，也只能随她去。直至她回家借钱。

她说，要办自己的幼儿园。她还向我打听，在当地报纸发招生广告的价格。她把买断的钱全拿来，争取到父母亲友的支援，再抵押了房子，集合过去一起进修、工作的小伙伴，从8个学生开始，"现在，小一、小二、小三，加上托班，几十个孩子吧。"

前年，她不知用什么能耐，加入了一个国际连锁，去国外培训了几个月，学成归来，常用词已是"自然""天性""释放"。

"我们幼儿园崇尚自然，玩具，我们提倡布艺，都是我们的老师自己手工制作的。我们也提倡孩子们和我们一起做，用手工释放压力。"楼婷婷语速很慢，听起来温和、可靠。

楼婷婷带我参观她的幼儿园，在室外活动场所，我看到一位老师正弯着腰和一个小姑娘说着什么。

"我睡觉没有得第一名。"等我们走近，仍听见小姑娘在抽噎。

楼婷婷摸她的头："上午玩具收拾得又快又整齐。第一名当然好，但如果不能样样都好，就喜欢什么，把那一样做好，也不错。"

这句话听着耳熟，听得我也想去摸摸那小姑娘的头。

你的与众不同之处在哪

我的一个朋友吃饭谈生意时碰到冷场，就会跟别人聊聊星座。她说和陌生人交谈，一开始难免生疏，谈论星座，既有趣又不过分涉及隐私，还能关注到在场的每个人，这样彼此之间的关系润滑多了，事情也就好办多了。所以闲暇时间她就从网上和星座书上看相关的知识。她绝对有一个星座专家的范儿，说得让人特别信服。这就是她本人的辨识度。光傻喝酒有时是没有用的，还得来点儿与众不同的，才能吸引别人的注意力。

还有一个朋友，她相貌平平没有什么特点，属于扔在人堆里找不到影儿的那种女子。工作挣了一笔钱后，她在买LV包和单反相机的事情上犹豫了很久，后来还是一咬牙买了单反相机。因为上大学时就喜欢摄影，苦于没钱，一直没有买相关的摄影设备。她想，LV包背一季就过时了，单反却不会。

这个决定给她带来了人气和好运。公司出游时，她义务为大家拍照，并整理好照片传给每个人。不知不觉间成了受欢迎的人，上司也对她另眼相看。当公司要划拨一笔预算做内刊的时候，她被委以重任，从做预算、组稿到图片，她都做得特别顺手。因为爱好摄影这个特点，她才没有被淹没在一众年轻人中，也因此得以顺利发展。

人最怕的是什么？是面目模糊，那样就没有人会记住你。Lady Gaga刚开始唱歌的时候，其实和现在的演唱水平没多大区别，可是当时因为她的声音辨识度不高，没人注意到她。后来她剑走偏锋，衣不惊人死不休，一下子就被人记住了。人一红，怎么看怎么漂亮，歌怎么听都觉得好听。

曾轶可走红让很多人觉得不可思议，王力宏一语道破：她的声音有辨识度，容易记住。看，这就是辨识度的魔力。

打造自己独有的辨识度难不难？人们常说：认识你自己，你的特点就是应该重点发扬光大的辨识度。比如，你声线不错，温柔性感，在心仪的人面前，好好利用你的声音，肯定会给对方留下深刻印象。没准儿这个特点还会变成你的财富，发展一份副业，去做晚间档节目的嘉宾主持之类。

我曾向朋友们"推销"过一种理念，就是做女人要做品牌女人。女人一定要知道自己的特色，你是属于小家碧玉型、大家闺秀型，还是事业狂人型，无论哪种类型，只要做好自己最拿手的事情，就会形成独家特色。这样才能像那些经久流传的品牌一样，无论在工作还是生活方面都璀璨照人。

一个摩羯座的女友发现自己的强项是情感访谈后，就一直在这个领域发展。几年过去，她便形成了自己的品牌力，并延展到情感咨询领域，事业做得风风火火。

另一个女同事总是觉得自己没什么优点，她说自己胖，总担心没人要，常问别人该如何包装自己。其实，她要关注的重点不是包装外形，她的强项是做菜好吃，人又爱干净，这种特点最适合找一个事业有些小成就的男人了。如果你属于这种类型，有了喜欢的人，就想办法搞个聚餐什么的，给他露一手。

很多人会觉得自己平淡无奇，而且浑身缺点，其实人无完人，记得一位心理老师讲过，你没必要去注意自己的短板，这一生只要发挥自己的优点就够了。比如，你对数字不敏感，如果非要征服这个问题，去挑战做一个会计，那可能一生都不会快乐。勉强去做自己不想做的事情，自然做不好。不要去理你的缺点，也不必取长补短，发挥你的优势就好。我们来这个世界上走一遭，就要做独一无二的自己，做有辨识度的女人。

总有灿烂等着你

仿佛时间永远定格在2005年7月6日。

那一天，暗无天日。他遭遇了一个男人一生中最为惨烈的"滑铁卢"：公司破产，夫妻反目，爱子离散。

伤痛，刻骨铭心，无以复加。似乎空气中也弥漫着太多太多繁盛的忧伤。

绝望，如春草一般，在心灵之旷野中疯狂蔓延，蓬蓬勃勃地生长。

他走着，漫无目的。也许，只是为了逃离。

突然，前面出现了一条明如玻璃的带子——河！他的眼睛骤然一亮，很快就湿润了。

冥冥之中，似乎有什么神秘的力量召唤着他。原来，信步而行，不知不觉间，他回到了小时候生活的地方。

童年生活隽永得就像一幅明丽的画，一直悬挂在记忆的门楣上，清晰鲜艳，永不褪色：大河奔涌。岸边，爹娘在田间劳作，弯腰弓身，永不知疲倦。他戴一顶破草帽，在草丛中穿梭，逮蚂蚱，捉蝴蝶；在花海中徜徉，采一把缤纷的野花。困了，就枕着浓郁的花香和大河的歌声入梦，甜蜜，酣畅。

而今，爹娘就长眠在岸边的大树下，再也不用承受种种生之苦、活之难。劳作的艰辛、贫穷的困扰、疾病的折磨，也都化作悠悠白云，飘向天边。

活着的意义到底是什么呢？奋斗过，辉煌过，有过挣扎，也曾迷茫，最终一无所有，两手空空，就像赤裸裸，最初来到这个世界一样。他眉头轻蹙，一声长叹。

不如归去！回到爹娘身边，静卧在他们的脚下，守护他们，日日夜夜；陪伴他们，月月年年。凡俗尘世间的恩恩怨怨，是是非非，纷纷扰扰，奈得我何？

想到这里，他的神色不再悲戚，眉目之间竟暗藏了些许小欢喜。似乎去赴一个远年的爱之约会，他整整衣衫，向河中心走去，一步，又一步……

突然，胳膊被什么东西牢牢钳住了。回头，原来是岸边垂钓的老者，老人的手如同钳子，他虽用力挣扎，终究动弹不得。

像一头不甘被驯服的倔强驴子，在老人的牵制下，他跟跟跄跄被拖回岸上。

无言，长久地沉默。

"小伙子，我不知道你经历了什么。"老人喘息了片刻，率先打破了沉默，他指着岸边高低错杂的树，"你看那些树，一棵小树要长成参天之木，要经历多少狂风的摧折，要遭受多少暴雨的冲刷。可每次狂风暴雨之后，没有一棵弯身伏地，奄奄枯萎。相反，它们都努力挺直腰身，顽强地生长，把根扎得更深。因为它们的心中有坚定的信念：太阳会重新升起，总有一片晴天等着我。"

老人顿了顿，接着说："人犹树也。一切的困难挫折都是暂时的，就像云雾无法长久遮蔽太阳的光辉。挺过去，柳暗花明必将到来，总有一片晴天等着你。"

顺着老人的目光，他看见岸边葳蕤生长的那些树。棵棵精神抖擞，迎风而立，生机勃发，绿意葱茏。阳光洒在树叶上，是一个个迷离的光点，一闪一闪，似乎上面有无数个小精灵在欢笑，在雀跃，它们在热烈地吟唱着生之欢歌，甜甜蜜蜜地分享着彼此的生之欢欣。

瞬间，一如眼前奔流的大河，羞愧漫上心头，潮水般汹涌。他祭拜完爹娘，心中已是云淡风轻，海阔天空。他收拾行囊，远走他乡。

几年后，他的公司重新开张，有着上亿资产。各大媒体的记者趋之若鹜，他总要说起这段往事，说起那位睿智的老者，说起老人的那句富有哲理的话。

他经常说："没有一个人的成长是一帆风顺的。坎坷和磨难都是成功路上的障碍，生命之舟冲过激流险滩，前面必将是坦途浩荡，风光无限。过往虽留有伤痛，但伤痛终会被时间带走。记住：阳光总在风雨后，总有一片晴天等着你。"

世界以痛吻我，
我要活出精彩

只要我努力，
在哪都一样，
小草也会长成参天大树。

世界以痛吻我，我要活出精彩

当祁文博还是个孩子的时候，就学会了用勇敢和坚强撑起困境中的家庭。

京沈高速公路北李官站附近有一条岔路，坎坷曲折地步行约20分钟后，眼前是一片棚户区。祁文博的家，就在棚户区的最尽头：一间十多平方米的平房。

火炕占据小屋半壁江山，破木板搭成的桌上压着破碎的玻璃板，厨房里的铁炉用来做饭烧水兼取暖。唯一一张彩色全家福合影里，小文博无忧地笑着……

生活的窘迫让小文博过早地懂事。她从不要零花钱，孩子们吃的零食对她来说是一种奢侈。尽管全家勉强度日，幸运却从未眷顾这位小姑娘。

小文博8岁那年，妈妈忽然患上精神分裂症。为攒够治病钱，爸爸每天凌晨4点起床赶往早市卖鱼，晚上要去很远的地方上货，深夜才能回家。这样，只有小文博来照顾妈妈了。发病的妈妈常半夜跑出家门，睡觉时，文博总是靠着妈妈，尽量不让自己睡得太沉；或是找来一根细绳，一端拴着自己手腕，另一端拴着妈妈手腕，只要绳子一动，她就会醒来。迷糊中一旦感觉妈妈不在身边，她就得跑到黑漆漆的马路上去找。

通往小文博家的土路很偏僻，下雨时都是泥，下雪时全是冰。她泪流满面，深一脚浅一脚地呼喊着妈妈，最害怕的就是妈妈翻过铁丝网，爬上附近的铁路。然而，她还是不得不一次次进入铁丝网中，把目光呆滞的妈妈拉回来，为此，铁丝网常把她的胳膊和腿划出一道道血痕。

夜里睡不踏实，白天小文博也要坚持上学。尤其是三九天的早晨，天还没放亮，刺骨的寒风令人睁不开眼睛。小文博起床，套上棉马甲，搓着双手，操起斧头劈柴……浓烟滚滚中，她被呛出了眼泪才引燃土炉子。先烧一锅开水，给妈妈醒来服药用；再熬一锅稀粥，切点咸萝卜丝，就是一家人的早饭；等粥烧开的间隙，她打开英语书背单词，还用烧火棍将单词一遍遍写在地上。

6时20分，小文博背起书包徒步上学去。土路要走20分钟，迎宾路上再走20分钟，才到公交车站。为了省下往返两元的车费，她再徒步走20分钟。怕家人担心，她常谎称自己乘车了，暗地将这些钱攒下来，贴补家用。

她是英语课代表，带同学们上早自习成了她的习惯。午休时，别的同学去小饭桌吃饭，她就啃从家里带来的馒头、咸菜。学校德育主任秦兴隆最先发现了小文博的窘境，自掏腰包承包了她的午饭。

小文博小学四年级时，家中唯一的顶梁柱——爸爸被查出癌症晚期，对这个家庭来说无疑是雪上加霜。"爸妈，咱家天没塌，有我呢！"痛哭之后，擦干眼泪的小文博，在父母面前展露出明丽的笑容。

第一次手术后，爸爸的身体极度虚弱，医生要求他在家中休养。可爸爸若歇着，全家便失去生活来源，别说付房租，连饭都吃不上了。爸爸勉强在家休了半个月，又去市场卖鱼，过度劳累让他在不到一年的时间里做了第二次手术。

有人劝爸爸，家里太困难了，别让孩子念书了。爸爸说什么也不同意："我不治病，也得让孩子念书！"这句话，小文博一直记在心里，成为她刻苦学习的最大动力。班级第一，年级第一，校第一，区第一，她考得一次比一次好——优异的成绩，成为这个苦难家庭的最大希望。

[卑微小草的梦想种子]

因为妈妈屡次犯病，小文博不得不辍学一年，全天待在家中陪护妈妈。

劈柴，砍掉过指甲；做方便面，烧煳过大勺；拉电闸，摔破过膝盖……为了一家三口的饭食，她甚至趁妈妈午睡时，天天出去捡塑料瓶、旧纸盒。

苦难面前，小文博始终面带微笑，从未退缩与怨天尤人。"打记事起，姥姥就对我说，哭着过也是一天，笑着过也是一天，为啥不快快乐乐地过每一天呢！"

正是凭着这种以苦为乐的精神，她在复课后，学业上获得了成功：从未补过课，学习成绩总是名列年级前5名。家里破旧的学习桌上，那盏节能灯是点燃她心中梦想的钥匙。为了不影响爸妈睡觉，懂事的小文博用床单将光亮围束在自己周围。

爸爸身体稍好一点，就到东湖市场打工。放学后，小文博背着书包一路小跑，帮爸爸摆摊卖鱼。她撸起袖子撑起塑料袋，刺骨的冰水常溅她一身，她却一边哼着《感恩的心》，一边用一双冻得像红萝卜的手，刮鱼鳞、抠鱼鳃……

晚7时，市场打烊。7时半，她坐着爸爸的三轮回到家。妈妈不犯病时，她和爸爸能喝上热乎乎的面条汤；一旦妈妈犯病，小文博面对的就是蓬头垢面、凶神恶煞甚至抡刀砍人的"疯子"。即使如此，她还是耐心地给妈妈喂药、哄她睡觉。然后，才能拿出课本写作业，直到深夜11时。

生活的磨难没有让小文博低头，在班里，她每次考试都是第一名。可是，当有机会就读辽宁省实验中学时，她还是放弃了。省实验离家远，学费贵，而父亲仍需要治病，化疗费用昂贵。小文博知道家里的窘况，毫不犹豫地进入了离家很近的东湖中学。

"只要我努力，在哪都一样，小草也会长成参天大树。"祁文博，一个柔弱的14岁女孩，用阳光般的微笑诠释了坚强、从容、乐观、感恩。她像一朵坚忍不拔的小花，在风雨中坦然地接受命运的挑战，用坚持把苦难承载，用希望把平凡点燃。

有些成功，确实等不及

倪湘湘是上海新思技能培训学校的创始人，他创办这所学校已经有4年了，上海很多餐厅、酒吧里都有新思职业学校培养出来的学生。让人不可思议的是，倪湘湘创办学校的时候，才20岁。

倪湘湘出生在一个富裕家庭里，父母的愿望就是希望他好好读书，将来考上理想的大学。但他学习并不好，从小喜欢的就是吉他、摇滚乐。高二那年，他提出要退学去北京学吉他，这在父母眼里简直是不可理喻。但他铁了心，父母也只能勉强答应让他去。就这样，他来到北京一家音乐学院专门学习吉他，一边学习，一边到酒吧演出挣钱。

有一天，正在一家酒吧演出的倪湘湘突然被两个长得一模一样的小伙子吸引住了。他们正在表演花式调酒，酒瓶在他们手上飞舞着，上下翻飞的酒瓶看得大家眼花缭乱，简直帅呆了！他迫不及待地走上前去打听他们高超的技艺是在哪儿学的。这对孪生兄弟看到他对花式调酒很感兴趣，就说："如果你喜欢，我们可以教你啊！"他很兴奋地问："你们说的是真的吗？"他要了他们的电话，第二天就开始拜师学艺了。

接触调酒后，倪湘湘又发现了一个赚钱门路：买卖调酒的瓶子。当时，花式调酒在我国还只刚刚起步，市场潜力非常大。放假后，他回到上海进行了市场调查，发现偌大的上海，花式调酒师的培训竟然是个空白。很快，他就有了一个新的计划：再次退学，在上海办一个花式调酒师培训学校！这时候，倪湘湘离上完大专还有一年的时间。因为第一次退学，父母已经很不愉快，这次，倪湘湘很慎重。他分别给父母写了一封长信表达自己的想法和意愿，父亲看后很尊重他的选择，可母亲却怎么也不同意。

倪湘湘背着母亲很快又办理了第二次退学手续。他带着打工赚来的积蓄回到上海，邀请调酒师兄弟俩加盟，由他俩担任学校的培训老师。可事情哪有这么简单？！倪湘湘不知道办学校要多少钱，要添置什么设备，更不清楚有关部门的规定。职业培训学校的校长需要本科学历，他哪够格？他想找一些学校合作，可人家看到他还只是个孩子，都拒绝了。

想干一番自己的事业真的太难了！为了生存，倪湘湘只能让兄弟俩一边做其他的工作，一边想办法继续等待机会办学校。这期间，他买来光盘，让兄弟俩尽可能去学习世界高水平的花式调酒表演，然后寻找机会参加国内外的调酒师比赛。在比赛的过程中，兄弟俩凭借着高水平的技艺，不断取得好名次，这才在国内渐渐有了一定的名气。尽管没有专门的学校，但总算有一些人慕名来找他们学习调酒。倪湘湘觉得时机成熟了，便聘请了一位具备资格的前辈来当校长，自己做法人代表。

2006年，倪湘湘的调酒师培训学校正式在上海成立。正如他所料，学校一开学，立刻吸引了很多年轻人的目光。一年后，倪湘湘发现大学毕业生就业压力逐年增大，他觉得自己应该把调酒师培训作为学校的特色，带动其他行业的职业培训，这样学校才会有广阔的前景。于是，倪湘湘开始扩大规模，在上海虹口区创立了培训基地，取名"上海新思职业技能学校"，开设了厨师、西点、咖啡等专业。这两年，倪湘湘意识到汽车消费火爆，马上又开办了很热门的汽车维修专业。2009年，学校的占地面积已经扩大到4000多平方米，更难得的是，他居然还接下了上海市政府的再就业和大学生培训计划订单！

新思职业学校的名气越来越大，一些企业慕名来到新思培训学校招人，阿联酋迪拜的七星级帆船酒店就是这样慕名而来的。第一眼见到这位只有20岁出头的校长，酒店代表疑惑地问倪湘湘："你不会是学生吧？！"在验明正身，又参观完整个校区后，这位代表对他的办学宗旨和管理体系赞不绝口，一次就要了5名厨师！

倪湘湘20岁做老板，24岁事业有成。许多人都认为他是把比尔·盖茨当作了自己的榜样，称赞他两次退学的勇气和果敢。他听了，嘿嘿一笑："世界首富比尔·盖茨退学的做法不可学。想起自己的两次退学，我现在还感到后怕——但我那时真的等不及了，我太想成功了！"

　　一语泄天机。原来，一个人的成功，并不取决于诸如退学一类的事件表象，而是取决于他能否顺着梦想成功的渴望执着地往前走。

只有先看得远，才能够登得高

房屋租赁公司实在不足为奇，无非就是租一间门面，雇几个员工，赚取一点微薄中介费的小生意。但是，有一个叫乔鲍林的加拿大年轻人却别出心裁，不仅将这个小生意做成了一个"大蛋糕"，还从中挖到了丰富的"宝藏"。

乔鲍林从小就对做生意特别感兴趣。因为父亲在造纸行业工作，厂里回收的杂志书籍里常常夹杂着一些磁带和CD光盘，11岁时，他就学着将它们清空，然后填充上新的内容再重新出售。

13岁时，他迷上计算机，15岁时成为一家网站的兼职网站设计师，一干就是两年。有一天，一个来自巴巴多斯的地产商希望在网站上推广他的海滨别墅，但是他没有任何照片。于是他请乔鲍林飞到他的别墅拍摄照片。

17岁的乔鲍林第一次跨出国门，参观了那些位于旅游胜地的豪华别墅。他发现，这些别墅只是富豪们来度假时才使用，大多时间都处于闲置状态。一掷千金买下的豪宅就这么白白的空着真是太浪费了！乔鲍林敏感地嗅到了一丝商业气息，一个大胆的想法冒了出来：何不创建一个网站出租这些别墅，帮助房主赚钱呢？

然而，他的设想刚开始实施便遭到了迎头一棒。当他敲开第一家别墅的大门时便吃了个闭门羹，主人冷眼嘲笑道："年轻人，你的想法太过于天真了！"他的家人和朋友们也都认为他的想法太疯狂，实施的难度太大了。

乔鲍林却坚持认为，这是个尚待开发的大市场，因为供需双方都潜伏着巨大的需求。全世界的富人何其多啊，每天都有人飞到世界各地旅游或度假，一方面是旅游者有钱却只能入住标准化酒店的尴尬，另一方面是豪华别墅的大量闲置，如果能给两者牵线搭桥，那将是包括自己在内的三方共赢。

很快，他注册了一个别墅出租公司，定位于世界各地的豪华别墅，专门服务于有消费能力的精英人群。为此，他又建了一个网站，开始在网上大作宣传。搞定这一切后，乔鲍林再次飞往巴巴多斯，这次他提出为房主免费服务的优惠条件，以换取20%的租金收益。在他坚持不懈的努力下，终于有7个房主抱着成全他好意的心态愿意让他试试看。

10天后，生意降临。这是一对打算去巴巴多斯度蜜月的豪门情侣。他们不在乎租金多少，要的只是优质的住处。很快，生意谈成，乔鲍林为房主和自己赚到了第一笔收入。

局面打开后，找他出租和申请租赁的雇主和客户越来越多，他的公司开始小有名气，生意也越来越好。而这时，他还只是个不到20岁的小伙子。

如今，14年过去，乔鲍林的这家别墅出租公司已经拥有近150名员工，名下待租的别墅约2000栋，分布于全世界50多个不同的旅游胜地。仅一周的租金，从法国里维埃拉的4万美元到亿万富翁理查德布兰森私人岛屿的40万美元不等。就在去年，乔鲍林的别墅出租公司的盈利已达上亿美元。

仅仅是一个大胆的设想，加上他的坚定行动，优厚的报酬就似水到渠成，源源而来。他的成功让很多人羡慕和嫉妒，要知道他是个连高中都没读完的辍学生啊！相反的，很多人的起点要比乔鲍林高，比如：有的人家里有钱，有的人父亲位高权重，有的人学富五车，有的人心气极盛……但这些高起点大多时候却并没成为我们奋斗的动力，反而成为一种让我们沉溺其中或享受或炫耀的资本。那么，乔鲍林何以能成功呢？

乔鲍林说："我不是那些接受正规教育获得学士学位的人。我的起点很低，必须让自己的眼光看得远些，这样我才能登到高处。"

我们常说"登得高，看得远"，可乔鲍林却用自己的行动告诉了我们另一个真理：只有先看得远，才能够登得高。

与野生动物的美丽邂逅

倾盆大雨中，一只粉嫩的树蛙"聪明"地扛起一片绿叶躲雨。不久前，印度尼西亚摄影师拍下的一组照片在微博上走红。

不过，这幅打动人心的图片，却让自然摄影师徐健很愤怒。他解释说，这一幕很可能是摆拍。这种做法将给树蛙带来生命危险，它的皮肤被人手触摸后，感染的可能性非常大。

2008年，这位北京林业大学生物学的毕业生，创办了非官方机构影像生物多样性调查所，希望用科学的方法记录和展示中国的生物多样性。5年来，他们的足迹遍布全国30个地区，开展过40多次野外调查，拍摄图片几十万张，记录野生生物近6500种。

通过影像的魅力，让公众了解我国的生态现状。

[促进自然保护]

在西双版纳自然保护区，徐健与蛇同眠；在青海三江源，他追寻雪豹的踪迹；在雅鲁藏布大峡谷，他扛着摄影机，淌过齐腰深的河水，随手扔掉粘在腿上的水蛭。

有时候，徐健会用食物做诱饵，不过是在不伤害动物的前提下。他回忆，一只松鼠飞快地抓起他放在石头上的核桃，扭身蹿上树，两只前爪利落地剥开绿色的果皮，一块一块丢下来，砸在他的头上。

"我觉得它是故意的。"他爽朗地大笑。就这样，一只喜马拉雅东麓特有的珀氏长吻松鼠进入了镜头。

负责拍摄鸟类的郭亮则扛着超长焦镜头，在草棵子里一蹲就是半天。

鸟类都很警醒，十次里有九次，老郭一端相机，鸟儿就吓飞了。据徐健介绍，老郭能通过鸟的大小、颜色、羽毛、飞行姿态，迅速判断鸟的种类，还能模仿许多鸟的叫声。

这支队伍的摄影师大多是生物学专业出身，包括北京大学生物系毕业的郭亮、中国农业大学毕业的王剑、陈尽、计云等。顶着北京师范大学植物学硕士研究生头衔的摄影师王辰，甚至出版过几本学术专著，"可以直接和专家对话"。

在梅里雪山，徐健邂逅了1500余只越冬的大紫胸鹦鹉。那是2009年，他与环保组织大自然保护协会合作，启动了梅里雪山拍摄项目。梅里雪山是世界自然遗产"三江并流"的主要景观之一，海拔6740米的主峰卡瓦格博峰覆盖着万年冰川。

然而，由于地形复杂，气候条件恶劣，人们对于这一地区的生物多样性了解极为有限。虽然早在20世纪末，云南大学就对梅里雪山的植被进行了连续3年的系统调查，但对该地区的野生动物生态研究，至今仍是空白。

因此，当鹦鹉群铺天盖地从峡谷上方飞过，翠绿的羽毛在阳光下流光溢彩，徐健用最快的速度按下快门。大紫胸鹦鹉是我国体型最大的鹦鹉，长约45厘米。拥有紫色的胸脯和翠绿的身体，颈上一抹黑色的羽毛就像礼服上的领结，雄鸟红色的鸟喙格外显眼。这次记录是近30年来，鸟类学界在中国野外记录过的最大的大紫胸鹦鹉种群。

最终，他们和大自然保护协会联合出版了《梅里雪山自然观察手册》，记录了三江源地区植物、昆虫、两栖动物、鸟类和哺乳动物总计413种。

徐健希望，通过影像的魅力，让公众了解我国的生态现状，促进自然保护。

[自然摄影师必须懂生物学，否则很可能伤害了野生动物]

以前一支科考队几乎都由科学家组成，摄影师往往只有一位。但徐健组织的调查队，成员都是有生物学专业背景的摄影师。每次进入自然保护区，他们一边拍摄记录，一边进行物种鉴定等工作。项目结束后，他们一方面会向当地保护区提交生物多样性图片和视频，一方面还会提交一份生物多样性调查评估报告。

据著名自然摄影师奚志农介绍。自然摄影行业在国外已经发展了半个多世纪。整个行业从投入到产出，已经形成了完整的产业链。但时至今日，自然摄影的高成本，让国内的刊物很难养得起全职自然摄影师。

2008年，徐健看到美国《国家地理》的一篇报道，整个故事由4名摄影师和一名专业生态作家联合完成。他羡慕西方摄影师"各有分工、有趣又高效"的工作模式，同时也意识到。这或许是适合我国职业摄影师生存发展的可行之路。

行业规则之一就是要尽可能减少对自然的干扰。影像生物多样性调查所前往西藏拍摄高山兀鹫，因为怕招来偷吃鸟蛋的乌鸦，和鸟巢保持很远的距离，以免惊飞拍摄对象，导致鸟蛋"无鸟看管"。

他们专业的背景，不但能避免伤害野生动物，还能避免漏拍重要的物种。

2010年在丽江，摄影师彭建生的相机捕捉到一种画眉鸟。他迅速认出，这是中国西南特有的濒危品种白点鹛，而他们当时正在进行影像调查的区域，之前从未记录过白点鹛分布。

"这就是一次新的分布记录，"徐健总结，"如果对自然、生物不了解，拍了什么，自己都不知道。"

用郭亮的话说。了解自然是自然摄影师必须掌握的技能。凭着对野生动物习性的了解，郭亮能够更有效率地找到动物的踪迹。他为了拍摄白头叶猴。在山洼的水塘边潜伏多日，才等到这些极度濒危的灵长类动物。

事实上。大多数野生动物的照片，都需要经过长时间的蹲守才能得到。摄影师们必须躲在小帐篷里，一守就是半天，尽量保持不动，更不敢大声说话。随时要注意周围。野生动物往往"一晃就过去了"，大家回到城市后，对快速掠过的物体都特别敏感。"要好一阵子才能缓过来"。

最长的一次，他们等待了80天。这才捕捉到一只白腹锦鸡的身影。这种锦鸡被誉为"全世界最漂亮的观赏雉"，属地意识很强，每次出现都稍纵即逝。在一个清晨，一只雄性白腹锦鸡从雾霭笼罩的林荫中走出。对这些连续数十天出现的人类，它终于降低了警惕性，还围着摄影师藏身的帐篷绕了几圈。

[我们现在做的一切努力，都是值得的]

2010年秋天。徐健在雅鲁藏布大峡谷中拍摄大蜜蜂的巢时，突然飞来一只小鸟，直接落到了蜂巢里，让大伙儿十分惊讶，立刻用相机把这一幕记录了下来。后来，大伙儿围着照片仔细鉴定，才知道那是一种名为黄腰响蜜的罕见物种，是国内首次在野外拍摄到这种鸟。

次年夏天，他们再次进入雅鲁藏布大峡谷，专程去拍黄腰响蜜。但因为忽略了大蜜蜂秋夏两季活跃度不同的问题，一大群蜜蜂倾巢而出，追得他们抱头乱窜。

蜂巢"有半面墙那么大"，这位自然摄影师挥手大力比画着。最后，徐健跑出去1公里远，头上被蜇出上百包，被送到百余公里外的医院，连吊了十几瓶水。

相比之下，猛兽并不让摄影师们惧怕。徐健回忆，他在四川石渠，近距离看到一只西藏棕熊，它远远看到他们，扭头就走，走两步，还回头看一眼，"确认我们有没有追上去，或对它有什么威胁"。

"它爸爸是被人打死的，妈妈是被人打死的，外公是被人打死的，它碰到人，能不跑吗？我们只能找到它们活动的痕迹。"徐健遗憾地表示，在野外，许多动物几公里之外就能闻到人的气味，"它们会毫不犹豫地选择尽快离开"。

徐健希望通过影像的力量改变这一现状。他举例，大部分人能认出长颈鹿、非洲狮等外国的特有物种。对中国的一级保护生物却多半叫不上名字。摆出几张照片让记者辨认。

他常常以奚志农保护滇金丝猴为例。1995年，这位第一个拍摄到野外滇金丝猴的摄影师，得知一片滇金丝猴的栖息地要砍伐200平方公里的森林。他写信给有关部门，阻止了这一举动，国际上将这件事评价为"中国环境运动的觉醒"。

徐健希望，影像生物多样性调查所的工作也能够"推动保护生态"。

5年来。他们在贵州发现极危物种务川臭蛙的新分布区。在梅里雪山记录丽纹攀蜥新亚种，在老君山拍下了中国特有物种白点鹛，在雅鲁藏布大峡谷发现墨脱缺翅虫的新栖息地，在阿里发现西藏鸟类新纪录。

对于生态保护。徐健一度也灰心过。他曾在梅里雪山脚下，为一片特别浓密的小丛林拍了张照片。林子毗邻雨崩村，那是个只有18户人家的小村子。家家户户都开办了家庭旅馆，每年有5万左右的徒步客来到这里。

隔了一年再去雨崩村时，徐健看到林子已经砍光了。他翻出两张对比的照片，指着第二张上两棵老树的残骸，一脸痛心地说："这棵树300年，这棵200年，轻易地都被他们变成房子和燃料了。"

"但做总比不做强。"他提起了英国著名动物学家、以研究和保护黑猩猩著名的珍妮·古道尔曾说过的话，"我们现在做的一切努力，都是值得的。"

为苦难找个出口，而不是借口

她是个乖巧可爱的女孩，可是，就在她3岁时，教她的幼儿园老师却发现她跟别的孩子不大一样，不仅说话含糊不清，而且似乎听力也有问题。爸爸妈妈带着她去医院检查，结果发现她患有重度神经性耳聋。

重度神经性耳聋是一种目前无法治愈的疾病，意味着她将永远生活在寂静的世界里。面对着无情的现实，爸爸妈妈没有放弃她，而是决心尽力挽救她，让她能像一个正常的孩子一样生活。

为了让她听到声音，爸爸买来助听器给她戴上。可是，由于助听器与人耳不一样，不能自动筛选声音，一点小小的声音都会放到很大，将耳膜震得生疼。4岁前的她已经习惯了寂静的生活，并不觉得她跟别的孩子有什么不同，所以刚开始的时候她很抵触，感觉耳朵不适时就偷偷地摘下来。但为了让她学习"听"这个世界，爸爸严格地监督着她。

在生活中，十聋九哑是个不争的事实。如果失去耳朵，也将逐渐变得不会说话。为了挽救嘴巴，妈妈开始教她学说话。在妈妈的指导下，她摸着妈妈的喉咙，看着妈妈的嘴唇发音。妈妈是个优秀的电视节目主持人，对她的要求很严格，一句话里若有一个字发音不准，妈妈就会示意她停下来，纠正后再接着往下说。有一次，她赞扬"妈妈做的汤特好喝"，可是，"喝"字还没发出来，妈妈就制止了她，要她把"特"字的音重发一遍。有时候，一个字练了多次，发音仍不准确，她很气恼，有些泄气，可是面对妈妈鼓励的眼神和不厌其烦的态度，她感到有些羞愧，心情也慢慢平静下来，她渐渐懂得了不会说就要更努力的道理。就这样，从字词到句子，从听说到读写，她刻苦地练习着。四年过去了，她已经能跟别的孩子正常交流，而且上学了。

从小学到中学，她一直在普通学校里读书，虽然戴上助听器让她跟别人的交流容易了许多，但是她却常常摘下助听器，训练自己"看"别人说话，她不能总让嘴依赖耳朵。残疾的不便没有使她自卑，反而激起了她不服输、不甘落后的个性，在学习上更加努力，成绩在班上一直名列前茅；业余时间，她还积极参加各种文艺活动，展现出多才多艺的一面，成为学校里身残志坚的榜样。在2008年残奥会开幕式上，她还荣幸地成为一名入选者，参加了大型手语舞蹈《星星，你好》。

读高二时，一次学校组织演讲比赛，她也报名参加了。本来她志在夺冠，可是在关键的一场比赛中，由于她出现了几次口误，结果遗憾败北。通过比赛她认识到自己的不足，她托妈妈找来培训节目主持人的教材，以更加严格的标准训练自己的读说能力。

虽然失去了听力，但她的梦想却是成为一名节目主持人或演员，在聚光灯前展现自己的风采。高考时她发现这些专业对听力有一定的要求，于是她选择了影视策划与制片专业，2012年她以优异的成绩考入了南京艺术学院。

不过，她追梦的步伐并没有就此停止。2013年10月，她报名参加了安徽卫视的《超级演说家》语言竞技真人秀节目。在舞台上，20岁的她青春阳光，与林志颖进行现场唇语解读，频频读对，展现出过硬的素质和良好的心态。她以一口标准流利的普通话和充满真挚感情的演说，折服并感动了评委和广大观众，直接晋级四强。李咏称赞她说："万物皆有缝隙，你就是那缝隙中洒下的一缕阳光。"

她就是洛阳女孩曹青莞。从一个失聪女孩变成"超级演说家"。有人问曹青莞："是什么原因让你战胜了残疾，取得今天的成功？"她说："在我很小的时候，爸爸妈妈就用实际行动告诉我要直面现实，一张失去了耳朵的嘴，就得更加努力地说。所以我一直都在坚持说，努力地说。"

是啊，每个人都有或大或小的缺陷，可是面对缺陷，有人选择消沉，有人选择逃避，还有人把它当成赚取别人怜悯的资本。可是，曹青莞用她的"说"告诉我们，最正确的态度，就是为缺陷找个出口而不是借口，就像失去了耳朵的嘴，就得更努力地说。

换一个角度，酸山楂也有甜

梁向兵，一个七尺汉子，这时正躺在床上，默默地流着眼泪。床头搁着一小碗山楂，那是媳妇临上班前洗好后给他消闲的，但是，他却一点儿食欲也没有。

梁向兵不是不想下床干活，而是不能。一次事故，一个意外，让他由生龙活虎的小伙子，变成了一个行动迟缓、生活难以自理的废人。一个月前，作为货车司机的他爬到车顶去绑扎油布，不料，绳子断裂，猝不及防的他从几米高的货车顶直接就摔到了硬邦邦的地面上。当人们手忙脚乱地把他送到医院，医生的一番话让他生不如死："脊椎骨摔断了，恐怕难以站起来了。即使能站起来，也不能干重活了。"这句话如一块巨石，砸碎了结婚还没几个年头，刚刚准备开启新生活的年轻人的梦想。所幸的是，经过一个月的治疗，梁向兵竟然能勉强站起来了。医生说他恢复得不错，现在要做得就是慢慢地静养。

实在无聊，梁向兵抓过一把山楂，捡一个放到嘴里，牙一咬，一股酸涩便从牙齿缝里、舌头周围蔓延开来。他不由得停止了咀嚼，皱紧了眉头，想吐却不能立马翻身吐到床边的垃圾篓里。梁向兵就这样一动不动，与嘴里的酸涩僵持着。他忽然想到了的自己的命运：因为家庭的贫寒，自己从十几岁就开始谋生，卖过菜、贩过鱼，和朋友合伙"北漂"卖馒头，也曾在国企打工。现在，刚刚买个货车想跟妻子一起奋斗，而自己竟然落到这步田地。想到这里，梁向兵的眼睛里溢出了眼泪，不知是心里的苦涩还是山楂的酸涩逼出来的。隔了一会儿，梁向兵突然觉得自己嘴里的酸涩似乎淡了，而且唇齿间还有了一丝丝甜味。他有些惊讶，又嚼上几口，一股酸涩又重新涌起，再等一等，咦！又有了一丝甜意。"怪不得人们都喜欢吃山楂果，原来还是很有滋味的呀。"梁向兵心想。原以为自己的生活像山楂一样酸涩，原来等一等，也许甜蜜就会到来。这样一想，梁向兵似乎醍醐灌顶。

三个月后，梁向兵站了起来，他决定要干一个自己的"山楂"的事业。真是"瞌睡遇到枕头"，这时候，正巧一位朋友来看望梁向兵，说起他在宁夏银川有个糖葫芦摊位，因为父亲病重，想转让出去。梁向兵听后，心跳都加速了，他觉得这是上天在眷顾自己，召唤自己，于是，他想也不想就答应租下朋友的糖葫芦摊位。四天后，卖掉货车的梁向兵，带着妻子和一岁多的孩子，背井离乡来到了银川。在这个举目无亲的城市，梁向兵决定用一串串糖葫芦重启自己的人生。

万事开头难。糖葫芦的制作工艺要求严格，为了保证新鲜，每天天不亮梁向兵就和老婆一起起床忙活起来，经常累得站着都能睡着。糖葫芦摊位需要守在门口，冬天风一吹感觉人都快冻成糖葫芦了。起初，并没有太多的人注意梁向兵的糖葫芦，一天收入只有百八十块钱，即便这样他也没有放弃。他决定从改进产品质量上下手，"梁记"糖葫芦又大又好，色味俱佳，渐渐地，越来越多的人爱上了他的糖葫芦。有一次，梁向兵无意间看到蒙牛酸酸乳的广告：酸酸甜甜，初恋的感觉。他灵机一动，在自己的店铺里也写上了这句话：生活就像糖葫芦，只要你愿意慢慢品尝，就一定能体味到酸涩过后的甜蜜。来过他店里的客人都说他这句话好有诗意。梁向兵羞涩地挠挠头说："这只是我的切身体会罢了。"就这样，梁向兵的糖葫芦生意越做越好，六年里，他陆续开了三家分店，每天销售糖葫芦两百多串，最多的时候一天能卖五六百串。渐渐地，梁向兵成了银川的一个名人，提起他，大家都亲切地称他"葫芦哥"，媳妇是"葫芦嫂"，连孩子也变成了"葫芦娃"。在这短短六年时间里，梁向兵从一无所有的穷小子到现在有车有房，他用连锁的方式将甜蜜的糖葫芦"卖"进了千家万户，年销售额近百万元。

俄罗斯诗人普希金曾说："假如生活欺骗了你，不要悲伤，不要生气。"而我要说，梁向兵的经历告诉我们：假如命运给了你一个酸山楂，不要绝望，不要唾弃，再嚼上一口，再等一会儿，也许甜蜜就会滋生。不去埋怨上天为何不垂青于我们，只要我们不抛弃自己，坚定苦涩尽头是甘甜的信念，那么就没有任何苦难可以打败我们，我们就成了命运的主宰。

换一个角度审视苦难，酸山楂也会为你"甜蜜"地转身。

我只是想做一辈子的手工

[橡皮章的世界]

在制作橡皮章的圈子里，晓兰有个外号叫"大神"。见过她刻的橡皮章的人，会被那些刻章下栩栩如生、活灵活现的动画人物所吸引。萌态各异的印章图案似有生命，与彩色的印台染料融为一体，轻轻一压，纸上便出现了另外一个奇妙的童话世界。

一次偶然的机会，晓兰在微博上看到了别人的橡皮章作品，瞬间就被各种可爱的图案给深深地迷住了。晓兰的大学专业是学前教育，教小朋友画画是她的工作之一。有画的基础，加上平时又喜爱做手工，于是满腔热血的她就在网上找了许多关于制作橡皮章的自学教程开始尝试了。晓兰说，其实刻橡皮章上手并不难，看懂了教程，刻3～4个就能大致了解整个制作过程了。但是之后，要追求图章的精美，就需要长时间的练习了。"对于初学者来说，要多看教程和别人刻的章子，但别人的经验总归是别人的，最重要的还是自己要多尝试。"刚开始练习，她拼命地找了各种素材来雕刻，刻完之后就拍照上传至微博，和她的朋友们一起分享。渐渐地，有喜爱她作品的人过来询问，能否专门定制橡皮章。这也正给了晓兰开淘宝手工店的契机。

[有爱才会有好章]

如今，晓兰刻一个5×5cm的章大概只需20～30分钟。但她说，自己曾经刻过时间最久的一个章，除却吃饭时间，连续了12个小时。"那个章子相当费事儿，但当时心里一心只想着早点把它刻完，又快又好地交给买家，完全心无旁骛。"

晓兰说，一个手艺上乘的橡皮章，需要的是干净的留白和流畅整齐的线条，但最重要的还是要有"爱"，用心地去挑选图片，全神贯注地雕刻，每一刀都蕴藏着自己对于橡皮章的理解与某种特殊感触。

当然，她也经常会失败。比如一不小心把卡通人物的眼睛刻掉了。不过，就是在这样不断地成功与失败中，晓兰的技术也愈发纯熟。

最令晓兰欣慰的是，她的执着也感动了妈妈，起初反对她整日宅在家里刻章的妈妈，看到了她的努力与用心后，渐渐地也接受了，甚至有时还会帮她参考，给她意见。

[想做一辈子手工]

其实晓兰可算是个手工达人，除了刻橡皮章，黏土、软陶、刺绣、水晶滴胶她样样都在行。特别是黏土，玩的历史甚至在刻橡皮章之前。"朋友偶然的一句话，让我觉得把黏土和橡皮章放在一起来做成立体章是个很不错的主意，我尝试了之后觉得效果也特别得好。"所以在晓兰的小店里，立体章就成为她独一无二的"镇店之宝"。

当然，晓兰还是个乐于分享的手工爱好者。现在她的各种手工教程被诸多杂志网站刊登与转载，她相当乐意把自己的手工经验拿出来与大家一起交流。她说，以后会努力地出更多的教程，让有兴趣的朋友都能体会到手工的乐趣。

最后，晓兰还谦虚地说，自己其实称不上达人，只是一个喜欢手工的普通女孩儿。于是，问她现在的梦想是什么？她轻描淡写说："能做一辈子手工，因为创造是很有成就感的。"这便是一个平凡的手工爱好者内心最真实的声音。

剪出来精彩人生

　　她是个"80后"，仅用了短短的4年时间，就从一个默默无闻的大学生，一跃而成为一个人人羡慕的百万富翁。她，就是李剑。

　　1985年，李剑生于宁夏海原县兴仁镇。母亲伏兆娥是一个剪纸高手，享有"西北第一剪"的美誉。受母亲的影响，李剑从小就酷爱剪纸艺术，并梦想有朝一日，将母亲的剪纸艺术变成商品，推向全世界。

　　为了这个目标，李剑一直在默默地努力着。2009年，李剑大学毕业了，可她并没有像其他人一样去找工作，而是向母亲借来3万块钱，成立了宁夏艺盟礼益文化艺术品有限公司。公司成立之初，李剑开发的第一款产品，就是剪纸贺卡。为了推广产品，李剑天天带着产品跑单位、进会场。可是，一段时间下来，她贺卡没卖出多少，白眼和奚落倒"收获"了很多。更让她焦虑的是，她之前向母亲借来的那点钱，也快花光了。幸好爱人郭海及时从福建给她带回了4万元钱，才算解了她的燃眉之急。

　　为尽快打开生意的局面，李剑推广贺卡更加勤奋了。终于，李剑的努力有了回报。第一笔订单，是300多张贺卡，要求一星期内交货。可是，当时李剑的公司，因之前没有生意，一直都没有请工人。情急之下，李剑就拉来妈妈、妹妹和小姨一起上阵。可一家人用小剪刀没日没夜地忙活了4天，也只是完成了贺卡的剪纸部分。剩下的印刷部分，本想请印刷厂做，但由于印数太少，印刷厂都不愿意接活。无奈之下，李剑只好窝在办公室里，用打印机来打印。数九寒天，夫妻俩一个负责打印，一个负责将贺卡晾在地上。可偏偏在这个节骨眼上，打印机又出了故障。等最后完成贺卡时，两人已是24小时都没合过眼了。

　　这笔订单做完后，虽然后面也陆续接到了一些订单，但由于传统的剪纸作品大多用白纸装裱，不仅显得档次低，且时间一久，还会褪色，市场空间不大。故在第一年，李剑他们制作的剪纸贺卡，仅卖出了3000多张，收入还不到1万元。照这样下去，不但公司的租金付不起，就连生活费都成问题。李剑再次陷入了困境。

"这个传统的剪纸市场，任凭自己再怎么努力，目前也就只能做到这么大了。要想突破，就必须进行创新！"想到这里，从不轻言放弃的李剑，决定到外面的市场转一转，寻找剪纸市场的突破口。结果，在一次去杭州考察的途中，质地轻软、色彩绮丽的杭州丝绸一下子就吸引了李剑的目光。"丝绸档次高、耐保存，我何不尝试做丝绸剪纸画呢？"

打定主意后，李剑咬咬牙，一口气就批发了4000多元的丝绸，在家里进行试验。由于没有经验，她失败了，4000多元钱就这样打了水漂，自己也一下子消瘦了许多。看到妻子累成这样，丈夫郭海很是心疼，就劝她说："咱们还是放弃吧！毕竟，这个事情从老祖宗到现在，都没有人去做过。"面对丈夫的规劝，李剑不但没有放弃，还说服丈夫，同意了自己再次追加几万元投资的建议。经过无数次的试验，李剑终于成功地将剪纸艺术与丝绸和谐地融合在了一起。

由于融合后的丝绸剪纸画不仅档次高、耐保存，而且还具有国画的韵味和浓郁的回乡民俗味。因此，李剑的这种新产品一经推出，便大受欢迎。到2011年，公司的总销售额已达到370万元，2012年则突破了500万元。

如今，李剑的公司拥有联盟艺术家3名，专业技术人员50多名，签约妇女手工制作者200多人。其创立的"伏兆娥剪纸"和"回乡剪纸"两个剪纸品牌，更是名扬海内外。

小剪刀，大财富。只要心中有梦，坚持梦想，勇于尝试，大胆创新，不怕失败，你就是下一个"李剑"！

别把机会扔进纸篓里

　　有一个叫李强的小伙子，1990年毕业于清华大学计算机系。当时，大学毕业生还是统一分配工作，李强被分到了一家国有电子企业，下车间当学徒，从事化工配染工作。

　　然而，连李强自己也不曾想到，仅仅一年，他就由学徒晋升为车间主任，此后更是一发不可收拾：科长、部门经理、总经理助理……

　　李强的改变源于一次"配方"事件。刚下车间那会儿，李强的工作简单而枯燥，就是跟着师傅调各种配适剂。师傅说，拿矢量剂来，他立马去拿；师傅说，去拿烧杯，他赶紧递上；师傅说，剂量称好摇匀，他二话不说照办。敏感的李强注意到，师傅带领徒弟干活倒也尽心尽责，却从不把手中的配方传授给他们，个中原因，大家心照不宣。李强想，如果这样下去，就算再干十年，自己也没什么长进，但若直接张口问师傅要配方，不仅显得无礼，还会招致反感，这该如何是好呢？

　　一天下班，李强轮值打扫卫生。倒纸篓时，他多了个心眼，仔细检查是否有什么有用的东西被别人误丢了。突然，有一个纸团引起了他的注意。他小心翼翼地摊开，不禁眼前一亮，原来，正是下午用过的配方！第二天，李强主动请缨，对师傅说，今后卫生都交给我吧，您和师兄们都结婚了，多回去陪陪家人，我单身，回去也没什么事。师傅高兴地拍拍他，欣然应允。从此，李强每天都负责打扫卫生，当然，每天也都能收集到不同的配方。

　　一个月后，师傅家里有急事，请假几天。这期间，厂里接到一项紧急任务，需要一种产品的配适剂。车间主任急得满头大汗，因为这种配适剂只有师傅有配方，但此时却怎么也找不到师傅。李强见状，对主任说，我来试试行吗？主任满腹狐疑，你行吗？李强又说，您放心，没问题的，我立军令状。主任将信将疑地同意了。第二天，师傅假满归来，内心忐忑的主任赶紧请师傅进行核查，结果完全符合标准。主任用欣赏的目光看着李强，自语道，真有出息，你一个刚参加工作的小伙子，就能完成这样的任务，不愧名师出高徒呀。师傅在一旁不知如何应答，李强笑笑，说了一句：我哪里有什么出息，都是师傅平时教得好。

过了几天，厂里召开职工大会，领导除了表扬李强，还着重表扬了师傅。领导说，我们这位师傅，教徒有方，带的徒弟45天就可以独当一面，其他师傅要向他学习，要勇于丢弃"教会徒弟饿死师傅"的落后观念。

通过这件事，李强不仅让厂领导青睐有加，也让师傅另眼相看。师傅觉得他聪明懂事，顿生好感，从此主动把一些配方传授给他。在师傅的悉心指导下，李强的专业技能快速提升。

不久，厂总经理办公室收到一份建议书，起草者正是李强。李强根据厂里的实际情况，用离子分析、科技预算等方法，提出了一份关于减少化工原材料消耗的建议书。这份建议书经过厂领导班子讨论，四天后开始执行，八天后得到证实——每月能为企业节省八万多块钱的原材料消耗，一年能为企业节省一百多万元。从此，李强越发得到领导的器重，职位一路上升。

后来，乐于挑战的李强下海经商，成立了自己的企业，如今，他已是巨思特营销策划有限公司董事长。回顾自己的成功，李强仍难忘那段在工厂锻炼的岁月，他说，自己当时能够如鱼得水，一没关系，二没背景，靠的就是勤勉和低调，勤勉是为机会的到来做准备，低调可以让机会生出下一个机会。

我们很多人总是抱怨时运不济，命运不公，其实，命运的配方就掌握在自己的手里，勤奋、细心、谦逊、低调，这几样如果配适在一起，一旦发生化学反应，将会爆发出巨大的能量。

用音乐丈量人生

[醉美木吉他：爱上你不是我的错]

1991年3月25日，梁博出生于吉林省长春市一个普通的市民家庭里。父亲经营一家汽车配件门市，教育梁博的重任便落在了母亲身上。梁博小时候就喜欢唱歌，可是，母亲从来没有想到让梁博走艺术这条路。梁博与音乐结缘完全是一个偶然。

这件事发生在梁博小学毕业的那个暑假。这天，梁博到一位同学家玩，同学家的墙上挂着一把木吉他，这是梁博第一次见到吉他。出于好奇，梁博随手摘下来，抱在了怀里。他用手轻轻地拨动了琴弦，木吉他便发出了清脆的声音，这声音把梁博醉倒了。

母亲领着刚上初一的梁博找到了杨老师。自此，梁博便跟着杨老师学习弹吉他，他没日没夜地练，甚至影响了文化课成绩。不过，这时候的梁博不仅跟着杨老师学会了弹吉他，而且能跟着吉他唱出动听的歌。

面对糟糕的文化课成绩，母亲很着急。在舅父的建议下，梁博决定走音乐这条路。初中毕业，梁博报考了吉林一所艺术中专，专门学习音乐。

[轻狂木吉他：碎梦时刻的华丽转身]

中专的管理相对松懈，不少同学看不到希望，糊里糊涂地混日子，这对正处于青春骚动期的梁博产生了很大的影响。

王丽娟是他的教师，她对梁博特别好。一天王丽娟老师把他找来说："梁博，我看你应该离开这里了。"梁博以为王丽娟老师要把他开除，生气地说："你开除我，我也不怕，反正，中专毕业也没有啥前途。"王丽娟老师望了望梁博，说："不是开除，而是希望你抓紧备考，提前参加高考！"王老师的话让梁博大吃一惊。他问："老师，我能行吗？"王丽娟老师说："你要继续这样混日子肯定不行，但是，如果你努力，一定能行。因为，你的专业基础很好，我对你有信心。"

这次谈话彻底改变了梁博的人生。自此，梁博把自己的行李搬到了琴房，除了吃饭、睡觉，他一直努力的练习。终于，他以专业考试第三名的成绩考上了吉林艺术学院流行音乐学院。

［青春木吉他：削发立志往前冲］

如果说杨老师和王老师是梁博艺术人生中的贵人，那么，吉林艺术学院流行音乐学院的孙大峰院长就是梁博艺术生涯中的第三位贵人。其实，梁博不仅音乐才华在长春艺术类中专是出了名的，而且，他的捣蛋也是出名的，甚至在老师们的眼中有些臭名远扬。可不，在录取的时候，就有老师提出了不同的意见。

在新生录取讨论会上，孙大峰院长一提到梁博的名字，马上就有老师说："你说的是那个留长发的男孩呀？他可是一个混世魔王，你要把梁博录取到咱们学院，就不怕他把咱们学院闹翻天？"这位老师话音未落，许多老师也跟着反对。甚至，有些老师还讲述了许多关于梁博的"丰功伟绩"。听了各位老师的发言，孙大峰说："咱们录取新生最重要的是要看潜质，看才华。我相信，咱们学院能够把梁博同学培养成为一名德才兼备的艺术人才。"在孙大峰院长的坚持下，梁博才有幸进入吉林艺术学院流行音乐学院深造。当然，这些幕后的故事，梁博是后来才知道的。

梁博到学校报到的第一天，孙大峰院长就把他请进了办公室。孙大峰院长说："梁博同学，你是最牛的，我对你有信心。"这句话，让梁博感激得热血沸腾。当天下午，他就去理发馆剪去了长发，他暗暗在心里发誓：一定要努力，用最好的成绩报答孙院长的知遇之恩。

梁博在孙大峰院长的调教下，不仅回归成一个乖孩子，而且在音乐上也取得了骄人的成绩。他的吉他弹得越来越成熟，歌声越来越动听，不仅如此，他还跟着孙大峰院长学习创作歌词，谱写歌谱。他自创自唱的《碎梦》《因为》《不染》《完美不完美》等歌曲在网络上引起了巨大的反响，这实在令老师们感到惊喜。

[巅峰木吉他：艺术的路永无终点]

浙江卫视举办的《中国好声音》开始海选后，梁博在权振东老师的推荐下参加了比赛。他唱的第一首歌是《长安，长安》，尽管只有短短的几十秒，但是，梁博那沧桑而又阳刚的声音征服了所有喜爱摇滚的网友，也震撼了评委。那英为其转身，将他招入麾下。接着，梁博在那英和汪峰的指导下，一路过关斩将，最终摘取了《中国好声音》第一季冠军。

在节目直播现场，梁博讲述了一个催人泪下的故事。在大三的暑假，父亲的朋友齐文成听了梁博的歌，很惊讶，他曾想帮助梁博出一张原创歌曲专辑。在专辑的制作过程中，梁博发现自己越来越喜欢音乐制作，不断向他的齐叔讨教，渐渐地，梁博竟然把出专辑的事淡忘了，倒是在一个多月的时间里学到了很多宝贵的东西。可是，在梁博参加《中国好声音》比赛的时候，这位曾经给他帮助的齐叔叔却因病离开了人世，没有看到梁博那最为辉煌的时刻。梁博说："比赛有终点，但是，艺术永无止境。我将永远不辜负一路给我教诲的恩师们的厚望，勇往直前，永不停步。"

这就是梁博，音乐就是他的梦。在追梦的路上，他迈着坚定的步伐，用自己的好声音丈量着青春的高度，永不停步。

她像三毛一样去漂泊

整个中学时代，嘉倩一直生活在上海。她清晰地记得，在高三的一个黄昏，自己骑着脚踏车，迎着夕阳，对着划过天际的飞机许愿：明年我一定不能再待在这个地方了。世界那么大，她要到更远的地方去看看。谁知天意弄人，高考后她被录取进了上海外国语大学。怎么办？她向家里人寻求支持，申请到了澳门的一所大学，后来通过交换生项目，到了爱尔兰，此后又因各种机缘，辗转了大半个欧洲。

回国后，嘉倩获得了一份英国外交部新闻处的工作。熟识的人都羡慕她，她却觉得并没有实现自己最初的新闻理想。比如邀请贝克汉姆来华，大家关注的只是他的名气，而不是他真正做了什么。嘉倩想要的，不是夺人眼球的标题和走过场的新闻，而是了解每个社会角色背后那些有意思的故事。可惜的是，这些故事被大多数媒体忽视了。

2012年年初，嘉倩写了一本关于青春历程的书，但没能顺利出版。她有些郁闷，便在网上写了一篇日志。有网友给她留言，建议她自己印刷来卖。嘉倩心想，与其拿来"卖"，还不如拿来作为和有意思的人交换梦想的信物呢。这应该是一件很好玩的事情，她写下这个想法，征求陌生网友的意见，没想到真有人感兴趣。

一个网友给嘉倩写信说："我想当服装设计师，我用自己设计的第一件连衣裙来交换你的第一本书吧。"

还有一个山区老师，愿意用班上70多个孩子有关梦想的画作，跟嘉倩交换她的两本书。她的信箱里一度收到了上千封来信，这让嘉倩受到了极大的鼓励，也让她沉思：电视、杂志媒体里的故事，不是大明星就是成功人士，在闪光灯下格外耀眼，但那些上不了达人秀舞台的普通人，四肢健全，父母健在，或许做得不够出色，或者运气不到，处于尴尬的境地，但照样有自己的梦，有自己的故事啊。

人生有许多种可能，嘉倩想知道从事其他职业的人最初是怎么认定梦想的。嘉倩心中涌起一个更激动人心的计划：和平凡的陌生人交换梦想。

这是一个疯狂的想法。2013年的春天，当嘉倩向家人提出准备辞职去执行自己的计划时，妈妈极力反对，甚至一度要和她"断绝关系"。看到嘉倩默默收拾好行装准备出发，父母最终选择了支持。

"交换梦想"才开始一个月，嘉倩就碰到了一堆不顺心的事。在武汉，她被"随机播放"的天气撂倒，发烧，喉咙发炎说不出话，在当地医院里挂了3天点滴；3月的时候去重庆，整个行李袋被出租车抢走；家里从小到大吃饭清淡，多一点盐就敏感，到了成都吃什么都是重口味；严重路盲，赴约常迟到或者早到好几个小时，甚至被访者不得不来到嘉倩的住处接她，即使在家乡上海也如此。

但她依然坚持，因为每个人的梦想背后都有一个故事。

在成都，嘉倩遇到一个想当演员的姑娘。现在网络平台的选秀节目有各种路子，女孩很想去尝试，可她过不了妈妈这道坎。她妈妈是小学老师，快退休了，思想守旧，眼里似乎只有三种职业：老师，公务员，还有给人打工的。妈妈自从离婚后一直独身，身体也不好，作为女儿的她背负了许多期望。她能面对观众的嘘声，但如果没有最亲的人的支持，梦想只是半成品。能不能说服爸妈，渐渐成为年轻人为梦想出发闯一闯要面对的大坎。

她也看见，不少人克服了这些阻碍，真的出发，让世界打开了大门。在重庆、武汉，她认识了几位女孩，为了追寻自己认定的快乐和价值，放弃了之前优越的职位，"人生就是找到自己的位置，然后做这个位置该做的事情"。有一位现在是书店员工，虽然累点，但她很喜爱这份工作。学计算机的武汉女孩在合唱队找到了"第二人生"，而合唱队队长是位哲学博士，最终在音乐里找到了热情。

她也看到了很多不同的幸福。在陕北窑洞，嘉倩在约访对象的奶奶家住了5天，在山里玩耍，第一次看到成片的枣树和棉花，她兴奋不已。山里的孩子童年拥有的财富是整个大自然。

从2013年年初到年尾，嘉倩约见了近600个人。从梦想到家庭，再到爱情——一路上，嘉倩关心的主题一直在变，但始终不变的，是她对自己生活的思考。

嘉倩说："每个人的心都是一个世界，当你走进它，会发现很多事情真正的原因，一些原来看似不可理喻的东西，也就释然了。其实在更深的意义上，这也是我的人心之旅，他们脚踏实地的生活状态深深感染了我。"

没有想到的是，在和陌生人交换梦想的过程中，嘉倩竟然会用自己小小的力量影响他们。在南京的一些大学做梦想分享会的时候，一个女生说她想当插画师，但她学的不是美术类专业，听了嘉倩一路交换梦想的经历，她说："从那一天开始，我天天都画画了。嘉倩，我现在画了一幅画，叫《嘉倩狂想曲》，这是我画的第一个作品，是我踏上这条路的第一步。"

每听完一段故事，嘉倩都会请求受访者，录一段话给未来处于最低谷的自己。这样做的原因要追溯到她的留学生涯：那一年，她只身来到荷兰，接连遭遇了注册不成功、学生证丢失导致补考等问题。在人生的低谷，她无人倾诉，只能自己鼓励自己。后来，她开设了一个"倾诉邮箱"，至今已收到了不下1000封邮件。她发现，其实大多数人都与自己有着相似的诉求。"别人再多的安慰，其实真的不如几年前的你对自己说'一切都会过去的'那样有力量。"

也许十年后，嘉倩会找到这些讲故事的人，记录他们在这十年里为梦想所做的努力。然后嘉倩会问："当年的那个梦想，你实现了吗？是不是现在的你，成了你当年不喜欢的人？其实这样也很好，实现梦想的过程，就像恋爱一样，永远都在追求的路上，适不适合、追不追得到，都是一种修行，有时简单有时难；然而这一切终归是快乐的，不会带一点后悔。"

我相信，
只要努力就有意义

我比谁都相信努力奋斗的意义。

我也相信，

它将成全更多卑微的梦想，

带我去自己梦寐以求的世界。

我相信，只要努力就有意义

去年偶然见了一个高中同学。她自高中毕业后已经五年没有见过我，用她的话说："真真是吃了一惊。"

我不奇怪她吃惊的原因。因为五年前，我还是一个说话大大咧咧、爱咋呼爱叫唤的"人来疯"，大象腿水桶腰、穿衣服巨没品位的"小胖妹"，没读过什么书，每次在全班同学面前念个学习汇报都紧张，"内涵"两个字从来都与自己绕着走。

大学四年与研一一年所有的辛苦，终于在她那句"吃了一惊"和不可思议的眼神里得到了报偿。

辛苦倒也算不上，但毕竟也是日复一日靠着严格的运动锻炼控制住了体重，最开始的三个月减重近30斤，反弹一次后终于维持在了健康稳定的水平。朋友们爱问我减重的经验与局部瘦身的秘诀，我仔细回想，觉得每一种方法都可称为秘诀，关键是要对自己够狠。那时大学课少，我意志力惊人，拖延、懒散等坏习惯都没有，不管春夏秋冬，每天清晨6点钟，在学校的塑胶跑道上一圈又一圈地跑，那种哗啦啦从心底翻涌上来的朝气——原来汗珠也可以掷地有声。

还有很多个夜晚，校园被喧嚣覆盖，大家或是边嗑瓜子边看娱乐节目笑得前仰后合，或是在楼下和男友约会难舍难分，属于自己的那一隅却只能被安静笼罩。有时候我在阳台上做漫长的瑜伽"英雄式"动作，或者在床上做漫长的"贴墙倒立"。有时候会听音乐，有时候会看书，但更多的时光是悄无声息的寂静。但改变在一点一滴地发生。

减肥教会我的，其实是一件至为简单的事，不过是如何使自己变得更好。但同时，它又是一件至为困难的事，因为它需要极强的自制力和没有任何外界强制时的自我约束精神。从那之后我懂得，所谓坚持，不过是日复一日地重复做一件小事。跑步也好，做瑜伽也好，其他一切微小的事情也好，莫不如此。这件小事可能没有上淘宝来得轻松愉悦，也没有刷微博来得随意开怀，但是只要日复一日地坚持与重复，并有足够的耐心，从量变到质变并不是一个漫长的过程。就像在别人眼里绝对不可能瘦下来的我，只用了三个月就成功了。

后来考研，我选了一个在别人眼中高不可攀的名校，别人的质疑和当年说"你看她胖得连腰都没有，哪年才能减下肥来"时的语气差不多。再后来，又是每天6点起床，在荒芜的自习室里坐一整天，晚上11点一个人走回宿舍，之后还要在宿舍楼上的通宵自习室里看书。几百个深夜，学校的小路上空无一人。门卫大爷用手电筒帮我照亮一小段路，他说："小姑娘你一个人怎么不怕黑？"我沉默地摇头，只想说我不怕黑不怕冷不怕路远，只怕虚度了韶光、枉费了年华。再后来应了别人的预言，和梦想心痛地擦肩而过，但也够幸运，第二志愿顺利调剂，最终还是得到了一个好结果。

如今再回想那段时光仍旧感激之至，岁月飘忽如寄，那样不计前路的拼命和酣畅淋漓的付出大概只有一次，好似把一生的热血和热泪都已耗尽。好友写的话至今都留在笔记本里，她说："我们用人生最好的年华做抵押，去担保一个说出来都会被人嘲笑的梦想。"那个冬天在我心中永远不可磨灭，深夜漆黑，前路漫漫，却觉得未来可期，所有的梦都做得晴朗透亮。那好像也是唯一的一次，我觉得原本灰暗促狭的心被希望照亮充盈，一整个壮阔的世界都等待着我去检阅。

这些年来，看书实习，组织社团活动，慢慢地克服了诸多弱点。参加数学竞赛还拿了小名次，我不再是那个高中时被数学老师坦诚寄语"我该怎么拯救你的数学"、怕数学怕得要死的人。参加比赛，写诗歌去朗诵，终于也能面不改色从容镇定地在几千人面前演讲。看了很多书、写了很多字，一点一点去观察琢磨，让自己在肥皂剧和娱乐新闻之外找到归属，沉闷地积累着精神的厚度。策划晚会排练节目，新年夜灯火辉煌，我坐在台下等谢幕。当身边掌声雷动、笑声起伏时觉得，啊，原来自己也可以做成一件这样的事儿。成长果然是一个时辰一个时辰熬出来的。别人手到擒来的东西自己拼了命才得到，但那种成长的富足感是如此惹人回味。

我大学时的一个舍友，来自某国家级贫困县，家住半山腰，那里手机信号都很微弱。母亲早逝，家里姐妹四人，除她之外都早早辍学南下打工，她靠助学贷款交学费，所有的生活费来自零零碎碎的打工收入。以我浅薄的识见，只觉得她是当真经历过生活苦难的人。大学刚开学时，她特别自卑，甚少说话，常常将自己隐没在人群里不发一声，表情里都带着一股胆怯。如今她毕业进入深圳一家知名外企工作，薪水优渥，妆容适宜，身姿优雅，常被人唤作"白富美"。但只有我看得到她这几年来一步一步地蜕变，她是如何拼命打工累到胃痛，在长夜痛哭过后重新为生活打拼，是如何熬夜学习顺利保研，看了一本又一本的书才做到谈吐大方，是如何作为班长获得全班同学交口称赞，又带领我们班成功突围成为校优秀班集体，甚至是如何一点点研究化妆方法才能打造出面试时的完美妆容。其实蜕变不是一件容易的事情，要走出自己性格的"安全区"，当真需要苦苦挣扎和失败之后步步谨慎的反思、改进。但若有一张大一和研二时的对比照，她必然是从一个看上去有些瑟瑟发抖的小丫头变成了浑身发光的知性姑娘。有时我爱开她玩笑："哇，晋升'白富美'什么感觉呀！"她眼里突然带了泪："这么多年来的不安全感终于落了地，我最开心的是自己终于有力量去守护家人了。"当然，只有我知道，她一路披荆斩棘咬牙忍受，才从那个荒凉的大山里，走到灯火辉煌处一个温馨明媚的家。

我比谁都相信努力奋斗的意义。虽然努力了这么久仍然买不起一件奢侈品，也无法去蓝色海岛上度一个悠然的假期，甚至可以预见到自己未来挤公交车上下班的焦躁和依旧淹没在柴米油盐中的平凡一生，但，还是"努力奋斗"这四个再简单不过的字，让我的视线跨越那个小县城，抵达一个更广袤的世界。甚至，它成全了我所有卑微的梦想，不管是小学时的"考上大学"，高中时的"成为瘦子"，还是大学时的"在杂志上发表文章"，研究生时的"万水千山走遍"如今也已经在路上了。我也相信，它将成全更多卑微的梦想，带我去自己梦寐以求的世界。

好似所有的波澜壮阔都会化为细波，所有的锣鼓欢鸣都会归于岑寂一般，热血沸腾的青春带着它浩浩荡荡的气势一路走远了，只留下庸常生活里难以消解的冗繁、干枯、琐碎、燥热。但我仍然想找回青春里那汩汩流动的热血，去向残酷世界讨个说法，去和曲折命运勇敢单挑。

因为我比谁都相信努力奋斗的意义。

按照二十几年来"命运它从来不会给我最想要的东西"这一惯例，我可能最终还是会失意败北，失望而归。但好歹给孙子讲故事的时候我能吼一嗓子："你奶奶当年虽然是个傻帽，但一丁点儿青春都没浪费啊！"

张开心的翅膀，飞跃沧海

她一心想飞出这片田地，要一场淋漓酣畅的生活，让自己如一树春花，灿然地开放。

她具备这样的品质，聪明、坚强、好学、隐忍。可是，一辈子面朝黄土背朝天的父母，固执着自己的理想：女孩子家家的，能把小学读下来，就足可以了。接下来的日子，她就在父母的催促下，和父母一道日出而作、日落而息。

她恳请父母，让我去读初中吧，哪怕放学后，从学校直接赶往地头，也心甘情愿。父母没有答应，他们认为那样，会耽误很多活计的。她咬咬牙，没说什么，低头做着活。自己这只断了翅膀的蝴蝶，还能飞吗？她心里颤颤地。

从地里回来，帮父母做好饭，吃完收拾利索了，她悄悄来到村东头顺子哥家。顺子哥是村里有名的好学生，在镇上读中学。她喜欢他屋子里的书，而顺子哥，也喜欢这个安静的小姑娘，把自己的书，一股脑地借给她。她欣喜着，认真地看书，然后，又很认真地把书整齐地还给他。还书的时候，她会把自己记到小本本上的问题，一点点地问顺子哥。顺子哥打趣她，你看这些有什么用？她就红了脸，恳求他讲一讲。顺子便笑了，说开玩笑呢，然后就讲给她听。她听得很认真，她能感觉到，此刻自己的心在舞蹈，能感觉到自己一点点地长了翅膀。

偶尔，父母会唠叨上几句，她也从不多语。因为她实在是没有耽误父母的什么活计，时间久了，父母也就任她去了。

渐渐地，她的脸上多了几分笑容，阳光明媚的。偶尔，还会和父母说，今天多除了两垄草呢！你们该奖励我哦！父母慈慈地笑着，感觉自己的女儿真是个种地好手呢!

可是,父母没有看到,在她开心的背后,是手里渐渐磨起的茧,还有,一个个清晨早起读书、一个个深夜写字的身影。只有她自己知道,翅膀断过了一次,要想飞,就要多一份磨砺,多一份付出。想象着未来的美丽,这一切苦楚竟让她习以为乐,不能罢手。

六月,麦子金子一般的黄,正是忙着收割的时节。她却说,她要去考试。父母一惊,你三年未上学,考的哪门子试?

她说,让我和顺子哥哥一起去试一试吧,我只试一试,好吗?

父母执拗不过她,只好答应了她。

她生了翅膀的心,在这一刻,终于飞翔了起来。她求镇上的老师给她报了名,以社会青年的名义参加中考。

结果,自然是在情理之中的。她落榜了,与高中无缘。但她依然很开心,因为为了这一天,她悄悄地奋斗了三年。三年里,她品尝了读书的快乐,知道了奋斗的滋味,也更明白,自己断了的翅膀里已经长了力气。

虽然她落榜了,但三年从未进过校门的她参加中考的消息,却很快传遍了大街小巷。很多人被她的精神所感动。镇里的一家私营企业老板听说了这件事,来到了她生活的小村,找到了她。

面对老板的询问,她怯怯地低下头,如尘埃里的一朵花,却又在无形中生出很多的光华。老板说,他愿意出资让她学习,但有一个条件,学成回来要到他的公司上班。

她双眼亮了起来,使劲地点头。但又顾虑了,担心她的父母呢!老板说,父母的工作他来做。她笑了,她终于以自己的付出,赢得了机会,赢得了重飞的翅膀!

后来,她被送到技术学校学习,学成回来,俨然脱胎换骨,很是干练。在镇上的私营企业里做得是如鱼得水,快乐地生活着。

她,是我的堂姐。想起从前那些时间的挣扎,恍若隔世。她笑着说,即便一只断了翅膀的蝴蝶,只要不放弃,执着地去奋斗,也依然可以飞过沧海。

逃避的人，永远都是输家

小五是我儿时玩街机最要好的格斗游戏玩伴。

我曾放下豪言壮语，我选春丽，万夫莫开。其他人都跟我打嘴仗，只有小五说：给我一星期的时间，我存五块钱，到时谁输谁买五块钱的游戏币。

其实他不拿出五块钱也行，我骂他是个蠢货，他倒也不避不躲：我不相信一件事情的结局，就证明我相信自己的判断。如果我真输了这五块钱，也不过是给自己一个提醒。我最怕失败难受，事后忘记。五块钱不过是我能尽力付出的最大的代价。

十七八岁的我丝毫不在意他那些充满哲理的人生规则。既然放开玩了，当然就是冲着赢去的。三下五除二，小五存了一周的五块钱顺利换成了游戏币。我分了一半给他，他心怀感激，我若无其事。

我和小五快速成为玩得一手好格斗游戏的战友。他一直在为自己的失败埋单。他总是问我，为什么他会输，为什么我对于游戏手柄那么熟练，感觉不需要思考一样。

我看着他求贤若渴的样子，深深地叹了口气，说：小五，如果你对于学习也那么认真的话，你考不上清华、北大，天理难容啊。小五撇撇嘴，不置可否，继续追问。我反问他：每次你输得那么厉害，输那么多次，正常人都气急败坏了，你心态倒是蛮好的。他说是因为小时候他常和别人打架，打输了回家还哭，不是太疼才哭，而是不甘心才哭。他爸又会加揍他一顿，然后教育他有哭的工夫不如好好想一想，为什么每次打架都输，面对才是赢的第一步。

高考前，小五放弃了。他说反正他就读的学校只是一个包分配的专业学校而已。而我也在滚滚的洪流中找到了所谓的救命稻草——如果高考不努力，就得一辈子留在这个城市里。

有人拼命挣脱，终为无谓。

有人放任飘洒，终成无畏。

我考到了外地，小五留在本地。就读前，老同学们约出来给彼此送行。几瓶酒之后，我们说大家仍是要做一辈子的好朋友。借着酒意，我和小五去游戏厅又对战了一局《街头霸王》，我胜得毫无难处。各自回家的路上，他双眼因喝酒而通红，一句话都没说。

那时申请的QQ号还是五位数的，电子邮件毫不流行，BP机太烦琐，手机买不起，十七八岁的少年之间都保持着通信的习惯。小五的信我也常接到一些，薰衣草为背景的信纸，散发着淡淡薰衣草的味道，上面的字迹潦草，想到哪写到哪，没有情绪的铺陈，只有情节的交代，一看就是上课无聊，女同学们都在写信，他顺了一页凑热闹写的罢了。我说与其这样写还不如不写，他却说凡事有个结果，总比没消息好，哪怕是个坏结果。

我却不想敷衍。认识了一些人，想到了一些事，也开始对传媒感点兴趣，但找不到人陪我一起玩游戏。

有一天，他在信上写：我让女孩怀孕了，让她自己去堕胎，大医院钱不够，她找了个小诊所，医生没有执照，女孩大出血，没抢救过来。她家找来学校，我读不了书了，你不用再给我写信了。这是他写过的最有内容的信，言简意赅，却描绘了一片腥风血雨。

我打电话去小五宿舍，他已经离开了，所有人都在找他。他已决意放弃学业，留给别人一团乱麻，自己一刀斩断后路。

再见小五是两年之后。同学说有人找我，我看到小五站在宿舍门口，对着我笑。身穿格子衬衫，隔夜未刮的胡须，身上有香烟熏过的味道。太阳依旧像高中时那般打在他的右肩上，铺陈着一层淡淡的光晕，就像这两年生活的打磨而制造的圣衣。

"你还好么？幸亏我还记得你的宿舍号码。"小五比我淡然。

我激动得话都说不清楚，冲上去搂着他，眼里全是泪。"我们所有人一直在打听你的消息，你这两年到底去哪了？"

两年是一段不短的日子，尤其对于读大学的我们。大学里一天就能改变一个人，更何况两年。

　　小五嘿嘿一笑，说他绝对不会无缘无故消失的，也许两年对我们很长，对他而言，不过是另外一个故事结束的时长而已，他一定会回来的。

　　两年前，小五从学校离开之后登上了去广东的列车，又怕女孩家人报警，就去了广东增城旁边的县里一家修车厂做汽车修理工，靠着以前玩游戏脑子快手脚麻利，很快就成为厂里独当一面的修理工。每个月挣着两千左右的工资，他都会拿出几百寄回家，自己留几百，剩下的以匿名的方式寄往女孩的父母家。一切风平浪静，小五以为自己会在广东的小县城结婚生子，有一天他突然看到了女孩家乡编号的车牌号码出现在了厂里，司机貌似女孩的哥哥。他想都没想，立刻收拾东西逃离，就像当年他逃离学校一般。

　　酒过三巡，小五比之前更沉默。我再也看不到当初眼里放光的小五，也看不到经过我身边时轻蔑鄙视我的小五。他如一块沉重的磁铁，将所有黑色吸附于身，想遁入夜色，尽量隐藏原本的样子。我说：你已经连续几年给女孩家寄生活费了，能弥补的也尽力在弥补了，但你不能让这件事情毁了你的生活。更何况，这件事情与你并没有直接的关系，是女孩选择了黑诊所，道义上你错了，但是你没有直接的刑事责任。

　　小五没有点头，也没有反驳，仍像一块沉重的磁铁，吸附所有的黑暗，想遁入夜色之中。回宿舍的路，又长又寂寞。小五说：还记得读高中时你问我，为什么每次我失败之后总会问赢家问题的理由，我的回答是，面对才是赢的第一步。你说得对，无论如何，我不能再逃避了。他作了决定，无论结局如何，不再流亡，不再逃避才是恢复正常生活的第一步。

　　时间又过了大概一周，晚上一点，宿舍的同学们都睡着了，突然宿舍里的电话铃大作，我莫名的感觉一定是小五给我打过来的。我穿着裤衩，抱着电话跑到走廊上应答。

　　"同同，我去了女孩家。"小五的声音带着疲惫透过话筒传了出来。

　　我屏住呼吸，蜷缩地蹲在地上，一面抵御寒冷，一面想全神贯注听清楚小五说的每一句话。

　　"她还在，没死，也没怀过孕，那是她哥哥想用这个方法让我赔钱而已。听说我转学之后她很后悔，一直想找我，但一直找不到……"话说到一半，小五在电话的那头沉默了，传出了刻意压抑的抽泣声。

"你会不会觉得我特别傻？这四年一直像蠢货一样逃避着并不存在的事儿。"

"怎么会。当然不会。"我说不出更多安慰的话。

只是生活残忍，所以许以时间刀刀割肉。十七八岁的时候，一次格斗游戏的输赢不过三分钟的光阴，而小五的这一次输赢却花了人生最重要的四年。

我说："小五，你不傻。如果你今天不面对的话，你会一直输下去。面对它，哪怕抱着必输的心情，也是重新翻盘的开始。你自己也说过，逃避的人，才是永远的输家。"

那天是2002年的10月16日，秋天，凉意很重。

当你决定一件事，那就做吧

认识秦莹，是在一次读书会上。第一眼看上去，她大概三十岁的样子，眉宇间却藏不住的孩子气。因着一本共同喜欢的书，我们聊得兴趣盎然。互加微信之后，联系也渐渐多了起来。

深入了解后才知道，秦莹是一名自由职业者，以拍照为生。也就是说，当我们每天为工作忙得累死累活的时候，她正在为自己的梦想添砖加瓦，每天活得肆意而张扬。

就如今天这个平常的早晨，我坐在办公室里，整理着会议纪要并为下个月的工作任务愁眉不展的时候，随手点开的微博里是她分享的旅行图片，这次是巴塞罗那的加泰罗尼亚音乐宫。比起我们，她永远有一颗想走就走的勇敢的心。

逛她的博客，是件很享受的事情。字字句句都是不经意的轻描淡写，却一不小心就温暖了时光。只有一个心里很有爱的女子，才能写出如此灵动的文字吧。这个有绿茶相伴的午后，就这样沉溺在那些跳动的字符和光线柔和的照片里，遗忘了时光。

她在博客里说，任何时候记得要跟随自己的心，去做想做的事情，并且要快快行动。她还说要学着让生活变得主动，并自觉地更加开心与丰富，这样日后回想起来，心就会充满了富裕的真实感。所以她总是很积极地跟身边想要做什么却还在犹豫的朋友说，去做吧，去做呗。

身边总是有一些人被她鼓动得斗志昂扬，比如我。我是一下子爱上这简单的六个字组成的句子：去做吧，去做呗。义无反顾里带着可爱的小调皮，任何时候，肯为梦想勇敢往前的人都值得尊重。

一次闲聊中，她跟我说起曾经的那些过往。摄影其实是她多年以来的一个梦想，当初她想要放弃稳定的工作准备以拍照为生的时候，受到了来自家人和朋友的重重阻拦。她也曾妥协过，现实面前，梦想确实不值几个钱。可是就在一个偶然的假期，她背着相机去了丽江，回来后当机立断，辞去了工作。她觉得只有在那些镜头里，她的生命才是鲜活而有意义的。

尽管一开始困难重重，但上帝从来不会亏待认真付出过努力的人，慢慢地她有了名气，从杂志的约稿到成立自己的工作室，她用了整整六年的时间。这六年里，她吃过很多苦，可她说即便再苦，也觉得每天都是真真正正属于自己的。

想起身边许多人，总是抱怨不喜欢自己的工作，也想有一颗说走就走的心，却又总在犹犹豫豫中折腾了一辈子，然后一辈子与梦想擦肩而过。

同事A毕业于名牌大学，因为不想辜负家人的殷殷期望，他不得不留在北京，做了五年的北漂。五年，这座城市还是没能让他找到归属感。其实他最大的梦想不过是回到那个小城，过安稳的小生活。尽管一个月里有三十天他都在想，明年我一定要回老家。可五年后的今天，他仍然在这座城市里做着自己不喜欢的事情。

可悲吗？当然。

很多时候，当你决定了要做一件事情时，那就去做吧，不要去管别人那些自以为是的建议，也不要理睬旁人的指指点点。人生本就在对与错中并行，即使最后你的决定是错的，这个过程也教会了你很多。

不如就像秦莹说的，对自己眼下想要做的事情，就快快行动起来。去做吧，去做呗。这样等有一天不经意地回头，你就会发现，我们一路走来的途中，过的一直是自己喜欢并热爱的生活。

蚂蚁，不会浪费一丝寻找食物的机会

　　记账理财在年轻人中是一件非常头疼的事情。很多哀叹"月光"的年轻人，都很想弄清楚自己的钱究竟花到哪里去了，尝试过为自己的收入、支出记账，可往往因为嫌麻烦、容易忘记等原因不能坚持。"挖财"却让记账变成了一件简单又快乐的事情，而赵晓炜就是推出这款手机应用的创始人。

　　记账类的手机应用不如网络游戏好玩，也不如网络社交工具使用频繁，但"挖财"却多次入选了苹果App Store推荐榜，并曾在"安卓全球开发者大会"上荣列"最佳应用Top10"之首。起初，刚推出的"挖财"和其他记账类应用功能相近，并没有得到用户的认可。于是，赵晓炜经常召集团队成员一起开会讨论，大家也提出了很多改进意见，如将界面做得更美观，将理财报表做得更丰富等，但这些并没有为"挖财"带来多大的改变。

　　又一次会议上，赵晓炜突然打断了激烈的争论，对大家说："我突然很想问，我们中有多少人每天坚持使用我们的应用来记账？"会议室里顿时鸦雀无声。赵晓炜说道："如果连我们自己都无法每天坚持使用这款应用来记账，又怎么能找到让用户接纳的理由呢？"

　　会后，所有团队成员都开始每天坚持使用"挖财"记账。很快，大家便发现了各种非常实用方便的改善方法。如有一位同事觉得每次记账都要手工录入太麻烦了，如果能说给手机听，让它自动记账该多方便。于是，"挖财"有了首创的语音记账法；另一位同事发现平时一日三餐的消费时间相对固定，如果能根据时间来自动匹配记的是早餐、午餐或晚餐的费用就会好用不少。就这样，"挖财"可以根据时间来匹配记账类别了；还有的同事需要出差，经常要报销一些费用，便建议增加报销方面的设置，于是报销管理也这样被加入"挖财"中。陆陆续续，几十种好用又方便的功能被加入进来。

改版后的"挖财"一经推出，就被用户争相下载。一时间，"挖财"变成了此类手机应用争相模仿追逐的对象。而赵晓炜却没有因此满足，在他看来，仅凭本公司成员的使用感受做出的创新还远远不够。于是，赵晓炜主持建立了挖财论坛，让"财主"们在论坛上提出自己在生活中遇到的记账难题，集合众多"财主"的力量发现新的记账创意与方案。

于是，各种有趣的记账问题和相应的对策滚滚而来，如网购的账怎么记？信用卡的账怎么记？公交卡、饭卡的账怎么记？房贷的账怎么记？……"怎么记"甚至成了"财主"们的口头禅。

在一次获得千万美元投资的新闻发布会上，记者问赵晓炜是如何把记账这样枯燥的应用做得如此成功时，他回答道："你观察过蚂蚁寻食吗？蚂蚁寻食时从来不会嫌麻烦，尽管它是那么渺小，却在广袤的大地上一遍一遍地寻找着，不放弃一丝找到食物的机会。而我们也像蚂蚁那样，不厌其烦地从自己和用户那里挖掘出创新的机会。"

像蚂蚁寻食一样不厌其烦，让"挖财"积累了近70项首创功能，并且还在不断增加中。正是这些首创功能，使"挖财"得到"财主"们的青睐，"财主"的数量也从2011年的400多万飙升至如今的4000多万。

其实和你一样

其实和你一样：他出身卑微，却身怀远大理想。多年前，他在1983年版的《射雕英雄传》中扮演那个宋兵乙，为增添一点点戏份，他请求导演安排"梅超风"用两掌打死他，结果被告之"只能被一掌打死"。这个年轻时被称作"死跑龙套"的卑微小人物，第一次当着导演的面谈到演技的时候，在场的人无一例外都哄堂大笑，但他依然不断思索、不断向导演"进谏"，直至2002年自己当上导演。那年，他获得了金像奖"最佳导演奖"。

其实和你一样：20世纪90年代，在一趟开往西部的火车上，梳着分头、戴着近视眼镜的他看上去朝气蓬勃，内心却带有微微的彷徨。那时的他严肃乏味，常常独坐好几个小时不说话。后来转行做主持人，1998年他第一次主持的电视节目播出时，他发现自己说的话几乎全被导演剪掉了。他让身为制片人的妻子准备了一个笔记本，把自己在主持中存在的问题一一记录下来，哪怕是最细微的毛病都不肯放过，然后逐条探讨、改正。即使今天其身家已逾4亿，成为中国最具影响力的主持人，他仍未放弃面"本"思过。

其实和你一样：10年前，他是大学里的"小混混"，由于经常逃课而被老师责备。毕业后被分到当地的电信局当小职员，面对冗杂的机关工作，他感到既劳累又苦恼，后来他勇敢而果断地辞了职，然后自创网站，从而走向中国互联网浪潮的浪尖，他在2003年福布斯中国富豪榜中位居第一位。

其实和你一样：5年前的他是一个防盗系统安装工程师，依他的说法"就是跟水电工差不多的工作"。"有时候装监视系统要先挖洞，一旦想到歌词就赶快写一下！"当年的他就是这么边干活边写词，半年积累了200多首歌词，他选出100多首装订成册，寄了100份到各大唱片公司。"我当时估计，除掉柜台小妹、制作助理、宣传人员的莫名其妙，减半再减半地选择性传递，只有12.5份会被制作人看到吧，结果被联络的概率只有1%。"其实那1%就是100%！1997年7月7日凌晨，他正准备去安装防盗系统，有人打电话给他，那个人叫吴宗宪，同时走运的还有另一个无名小卒——周杰伦。从他和周杰伦合作的歌没人要，到要曲不要词，慢慢地曲词都要，之后单独要词，但还会有三四个作者一起写，直到最后指定要他的词。

可能你已经猜到他们是谁了，一个是周星驰，一个是李咏，一个是丁磊，一个是方文山。他们是目前中国最具知名度的人中的一部分。他们在成名前和你并无多大不同。不要抱怨贫富不均，生不逢时，社会不公，机会不等，制度僵化，条理繁复，伯乐难求。要知道：其实每个人都平等地享有出人头地的机会，明天，或者明年，同样会诞生像他们一样成功的人，就看是不是今天的你，有着和他们一样的毅力和耐力。

你不需要怎样，只需要坚持

[1]

前几天，时间管理班有个小伙伴对我说，管理好自己的时间以后，这段时间忽然就闲了下来，觉得怪怪的，问我要怎么办。

我愣了一下，然后回答她：轻轻松松难道不好吗？

这个回答，好像是与大环境不符的。这是个什么环境？这个环境是人人都以忙为荣。一群人聚会，人人都嚷着自己有多忙，弄得不忙的人都不好意思开口。

无论是看文章还是听别人的分享，推崇的都是那种悬梁刺股型的努力，有人每天睡两三个小时，有人从来不过周末，有人在地铁上学英语，有人在孩子的哭声里写作。

首先说明，我对这类人非常佩服，他们在没有时间的情况下，挤时间依然在为梦想而努力，真的很了不起。

但扪心自问，我做不到，我相信绝大多数的人也做不到。

我一天睡不够八个小时，就会打瞌睡；在不安静的环境里，我就没有办法专心；一到周末我就想休息，哪怕是半天；孩子哭闹的时候我什么都做不了；我也不能在地铁上看书；甚至，我都没有办法一边运动一边思考。

像我这种人，是不是就罪该万死呢？

其实我是个急性子，特别急，用我妈的话说，就是"恨活"。意思就是，一看到活儿就恨不得立即马上全部做完。

[2]

我最初开始全职写作的时候，真的非常非常努力，就是那种悬梁刺股型。每天早上六点起床，不洗脸不刷牙，先打开电脑。一个上午坐在那里不动，中午连做饭的时间都没有，还要跑去吃食堂。下午又是在电脑前坐半天，晚饭随便凑合，丢下碗就拿起书本。

那时候没有人逼我，但是我自己逼我自己，每天都工作八小时以上。晚上从来没有在凌晨两点前睡着过，即使躺在床上，脑子里想的依然是写作的事情，偶尔半夜做梦，还会爬起来记录下来。

我要求自己每个月至少写十万字，只要脑子里有东西，我一天到晚都在写写写，恨不能一天写十篇。当然，没有东西写的时候，我就疯狂看书，疯狂看新闻，各处找素材。

周末当然不可能过，一个什么成绩都没有做出来的人，有什么脸面过周末！

整整半年的时间，我都是这么兵荒马乱，忙乱不堪，比霸道总裁还要日理万机。

结果是什么呢？结果是视力急剧下降，每天焦虑不安，掉头发，长斑，脾气越来越坏。如果前一天把素材都写完了，这一天一个字都没写，我就恨不得拿把刀捅死自己。

我觉得我很努力了，你看我都忙成这样，都把自己感动死了。可是那半年，我真的没有什么成绩，唯一的一点成绩，也不过是在报刊上多发了几篇文章而已。总的来说，发表量依然少得可怜。

后来我决定调整，也是因为看不到希望。反正已经这样了，大不了我再出去上班就是了。

我重新规划了时间，规定自己每天上午写一篇，下午写一篇，哪怕我有一百个素材，也每天只写两篇。我不再苛求自己每天无止境地写下去。

一旦把任务量化，人就忽然变得轻松了很多。每天看看新闻看看书，轻轻松松找两个素材，再花两三个小时写出来。不用工作八小时，而且没有太大压力，有时间做一顿美味的午餐，也有时间听听音乐打打电话。

这样的计划，我执行了三年，而且后面养成了习惯，越来越轻松。那时候，我从每天工作八小时以上到每天只工作四个小时，而这四个小时的时间，却给了我意想不到的结果。

每年发表一千四百篇文章，就是这每天的四个小时创造的价值。

[3]

后来随着纸媒的没落，以及我自己要转型，我决定每天只写一篇文章，于是现在我每天只需要工作三个小时。如果不做别的，我简直是周围最轻松的人。

我每天晚上十一点之前睡觉，每天午休，每天运动，每天早上六点半起床，写一篇文章，做与工作相关的各种事情。下午是自由活动的时间，可以看书，可以写长篇，可以做任何自己想做的事情。

这几年，我真的是越来越闲了，但我积累的东西却越来越多。原因只有一个，那就是我一直在坚持写，不管是两篇还是一篇，我从来没有一天放弃过。我坚持了五年，水滴石穿，铁棒也要磨成针了。

所以我经常对身边的人说，你不需要忙，你只需要坚持就够了。你不需要悬梁刺股凿壁借光，你可以轻轻松松，每天早睡早起，每天浪费光阴，每天到处旅行。只要在这个过程中，你一直在坚持做着你想做的那件事情，你的人生就会慢慢地发生改变。

那种每天只睡两个小时的坚持，可以坚持一天两天，可以坚持一个月两个月，可以坚持一年两年十年八年吗？

也许有人能，但那一定不是你和我。

只有精力充沛，每天吃好睡好，有时间娱乐，有时间陪家人，把身体和心灵都滋养得很好，坚持才可能是一件可持续的事情。

对于普通的我们来说，你没有办法每天只睡两三个小时，没有办法放弃一切娱乐，没有办法三头六臂每天应付超多的事情。那我们唯一能做的，就是选中一件，每天坚持做下去。

现在流行斜杠青年，你有那个跨界的能力，当然好，如果你没有，那就老老实实做好一件事情。

我这么说，有人可能会误解。我就是想既学英语又学钢琴，既学舞蹈又学画画，哪个我都不能放弃，你说怎么办？

[4]

前天就有人在后台给我留言，列了一大堆自己想学或正在学的东西，而且还在做兼职。他说自己特别忙，几乎分身乏术，问我怎么安排时间，才能把这一切事情都做好。

我没有回复，因为我没有办法帮他安排时间制定计划。每天的时间就那么多，而每个人每天可以专注的时间也非常有限。我可以帮你安排，你每天只睡两个小时，然后专注地做好每一件事情。

问题是，你能做到吗？

每天只睡两个小时你受得了吗？每天长时间专注你会分心吗？

答案显而易见。

这个时代崇尚努力，我也崇尚努力，我最擅长的就是励志。但是有一点我们必须明白，我们不是超人，我们精力有限，我们也会想玩想娱乐，我们也会渴求最舒适的状态。人性有很多弱点，每一个弱点都可能让我们在努力的路上缴械投降。

我们想走得更远，想走得更久，最好的办法，当然是减负，而不是不停地把什么东西都放进包里。

只有轻轻松松，每天精力充沛，心情良好，我们才能少些痛苦，才能走得更远更久一点。

努力有时候，不是做加法，而是做减法。

如果你说，你就是想学很多东西怎么办？总不能一辈子就和一件事情死磕吧?

在这个多元化发展的时代，多学点东西当然是好事。你可以一件一件做啊，先专心学一样，这样学好了，不需要再花费太多精力，轻轻松松就能应付了，你再去学另一件。

美食一次吃太多会消化不良，东西一次学太多会压断脊梁。不懂得节制的人，总是伤身又伤心。

所以，不要以忙为标准了。你忙，并不代表你努力对了方向。很多人天天忙，却一无所成，东抓一把西抓一把，今天学英语，明天学写作，后天又要学跳舞，结果什么都没坚持过一个月，什么都是半吊子，有什么用呢?

在这个人人都忙的时代，如果你也很忙，记得要一件一件地去忙，一件一件地去坚持。如果你很闲，也不用不好意思，因为你不需要忙，你只需要坚持就够了。

只要你坚持了，不管忙还是不忙，结果都是一样的。

这世上的绝大多数事情，都是唯坚持不破。

别再懒惰，做好一件事就好

[1]

表哥最近遇到些儿坎，大把的时间都在做他的坏情绪垃圾桶。

从N年前的高考发挥失常、报志愿又失误，成绩一直很好最终却上了非理想的学校，从此一切都在变坏。

比如，985、211大学考托福出国成风，而自家的烂学校就没听说有谁出国留学的，要是上了好大学，说不定跟着大部队翻翻书，也镀金去了。

比如，毕业时眼高于顶，报考公务员岗位太热门失败，可恨有些分数比自己低的同学，都坐办公室了。

比如，当年房价低，可赚得少，家里底子薄也帮不上忙，错失入房市的好时机，过了几年股市大牛，傻子都赚得盆满钵满，可自己的钱都押房子上了。只能眼看着那些幸运儿低价买了房，牛市翻几番。

总之一句话：万般皆是命，半点不由人。

其实，从大众眼光看来，表哥算是混得不错的那类人了。上学时成绩不错，大学不理想也算一本了，工作后收入不错，买了房买了车。他本人也从不认为自己是懒虫，就是觉得命不好。

可是，当你有大欲望时，就得有大辛苦的觉悟啊。别说发挥失常，那些考得好的同学就是比你学得踏实；别说选择失误，那些走对路子的人就是比你更有视野。别再抱怨"心比天高、命比纸薄"，在你膨胀的欲望面前，你只是相对的勤快，绝对的懒虫啊。

当然，还有一些人真心勤快，可依旧撑不起一个像对美好的未来。比如流水线上的打工者，以及很多体力劳动者，疲惫忙碌，却也迷茫看不到前途，不是命苦吗？

很无奈的是，勤快也有高级、低级之分。善于学习，时刻适应社会的变革，才是高级的勤快、有用的勤快。而浑浑噩噩、埋头于故步自封，本就是低级的勤快，会被社会抛弃的勤快。

残忍，却是事实。

[2]

表哥的痛苦，是勤快程度与欲望的不匹配。在一些真正的懒虫看来，算是一种矫情了。

这类人并不抵赖，承认自己懒。他们认可的道理是，懒是生物的天性，懒推动了社会的进步。他们会把那些负能量句子挂在嘴边：又一天过去了，今天过得怎么样，梦想是不是更远了？勤快不一定就有收获，但懒着真的很舒服哦~

无所事事真的很舒服吗？曾经有个读者向我哭诉，毕业后她一直没找工作，每天在家就是上网看剧打游戏，父母刚开始还鼓励她走出去，可看她软泥一般不上墙，也就放弃了，现在就指望能给她说门好亲事，找个能养着她的老公。

婚姻大体上还是讲究门当户对的，当你自己处在糟糕的状态，很难找到优质的另一半。遇见王子的灰姑娘，本身也是一枚贵族啊。

这个读者也明白自己懒惰、不上进。她说，最痛苦的是，为了躲避现实，她开始各种幻想，比如要是有只哆啦A梦就好了，肯定不会像大雄那样愚笨，什么好东西都弄坏；比如遇见阿拉丁神灯就好了，早早琢磨好了要许的三个愿望；比如穿越回过去就好了，一定抓住各种机会；比如中个500万彩票就好了……

那些幻想有多尽善尽美，清醒的时候就有多痛苦多崩溃。然后，陷入一个逃脱不开的死循环……

屏幕这边，我都能感受到姑娘被巨大空虚淹没的窒息之痛。而我只能勉力劝姑娘停止幻想，行动起来，去看书、去学习、去见识。

懒才不是安逸和享福，懒是吞噬精彩人生的魔鬼。

[3]

除了表哥那种"不认为自己懒，只是命苦"，女读者那种"认可自己懒，但无能为力"，还有一类人，他们认可自己的懒导致了生活的痛苦，也奋起去对抗，却一次次败下阵来。

他们可能是最痛苦的一类人了。

表哥们还可以骂骂老天感叹命运，他们却明白一切挫败怨不得别的，只怪自己不争气；女读者们沉溺幻想最多只是心累，他们却是撞了无数次南墙却铩羽而归，实实在在的失败更打击人的信心……

他们也是人群中最多的一类人吧。

比不上那些聪明人，没有过目不忘、触类旁通的素质，没有强大的自制力和内心，做不到游刃有余的前进；却也学不会豁达的认命，愤恨自己的偷懒与弱小，逼迫自己一次次去挣扎……

懒惰着，又恨自己懒惰。非要有打破这循环的强大力量出现，不可。

[4]

这个强大的力量是什么？

教给你：做好一件超出你能力的事情。

你可以下定决心去减肥，不管是21天减肥法，或者是去跑步；

你可以重新收拾起英语，开始背单词，练听力，学写长文章；

你可以学习一门新手艺，烘焙、跳舞、练琴、书法、绘画等等。

选一件你热心的事物，然后拼尽一切，做好它。

只要你能完成一件事，你就从中习得了所有优秀的人必备的特质，比如坚持、努力、不放弃等。

懒惰是一种惯性，优秀更是一种惯性。别再抱怨，做好一件事就好。

奋力攀爬，只是想让世界看到你

我认识阿和，是因为一次讲座。

公司请了一个所在行业很权威的人物，在预定好酒店的会客厅里，举行了一场讲座。

那天的讲座规定最晚入场的时间是上午9点钟，阿和是在九点半左右闯进来的，会客厅有两个门，本来他悄悄从后门进来也是没关系的，并不影响其他人，可是他并没有，他选择了从正门光明正大的进来，一边对正前方讲PPT的教授打了个不好意思的手势，一边却不慌不忙地来找座位。

只有我们左手边的座位还空着，我让同事坐到那个空位上，我也跟着移动了下，好方便他坐在外边的位置上，尽量把动静降到最低。

他道了声谢谢，然后挠挠头，似乎自言自语又像在和我们解释一样的说：今天起床起晚了。

我冲他微笑，示意他开始听教授的讲座。

讲座结束之后我们结伴而出，我才知道他是分公司的同事，原谅我平时记人不清，以至于名字和脸庞总是对不上号。

我之所以对阿和印象深刻，是因为他太爱"说"，他告诉我们，他之所以来参加总部的培训和讲座，是想来看一看大城市的生活。他希望有领导赏识到他的优秀，从而有机会调入公司总部。

分公司所在的城市，属于三线。

阿和所住的房间与讲座的会客厅是同一家酒店，一个十五层，一个在三层。

我问他：就住在楼上为什么你还会迟到呢？

他说，他习惯了自然醒，没有定闹铃。

我很奇怪，自然醒的话，平日上班怎么办？生物钟再准，也有可能会遇到疲惫睡过然后迟到的时候吧。

阿和告诉我，分公司的员工比较少，指纹打卡机就成了摆设，他们从来不会按照朝九晚六的点去公司报到，经理也不介意，总体来说就是去不去公司全凭心情。

讲座之后是员工聚餐，阿和大概是与我们聊的熟悉了，便一直同我们坐在一起。整个吃饭期间，我和另外一个同事，一直在听阿和的辉煌史。

其实也无非就是他能力充裕，为公司拿下了几个大单子，结识了几个比较重量级的客户，用他的话来说，就是人脉在手，业绩无忧，其他都是浮云。

但是阿和有他的忧虑，与他一同来公司的人，有好几个已经调到了公司总部来，还有的跳槽到了更好的单位，只有他，在这里空有一身抱负无法施展，他想要有一个更加美好的前途，来兑现他的踌躇满志和怀才不遇。

我想了想，问他，你平时不怎么去公司，都干吗呢？

阿和说，就是打牌啊，玩游戏啊，还有与朋友喝酒啊。

我不知道该怎么回复他，如果此时是微信聊天的对话框，我一定会回复一句：我竟无言以对。

其实我很想告诉阿和，虽然销售是靠业绩说话的，但并不是说业绩就是全部，一个更为广阔的天地和优渥的条件，是要你拿很多东西去做等价交换的，综合实力里，包括业绩，包括人品，包括素质，包括涵养，你的一举一动无一不是你的名片，我偶然认识你，就看到你的不遵守时间和全然不顾影响别人的感受，那么你其他时候又是怎么样的呢？

这个世界上并没有那么多的怀才不遇，一定是你某些方面不够好，更好的世界才没看到你。

有一阵，网上很流行一个女教师的辞职报告，上面只有十个字：世界那么大，我想去看看。

其实在这句话还没流行之前，我就听D提起过，他说他的努力，就是为了有一天有能力去外面的世界看看，外面肯定有不一样的人生。

D是一个业内的前辈，从月薪三千，到月薪三万，用了两年的时间，然后到今年，开了自己的营销公司。

前辈是对他的尊称，实际上他还不到三十岁，我认识他比较早，在我与他打交道的那些时间里，见过他工资不高的时候，下了班还会去夜市摆摊，卖一些女生喜欢的小饰品来挣点额外的收入。

与D合作过的甲方，无一不称赞他办事周到细致，D有个很好的习惯，无论与谁有约，从不迟到，不管是身价千万的老总，还是自己公司的员工，哪怕是他要帮人家的忙，他也从不会晚到，这大概就是所谓的：有任性的资本，却从不随便用。

D月薪三千的时候，租的是十几平方米的房子，卫生间公用，洗澡要去大众浴池，他当时所在的公司与阿和的分公司一样，人很少，也不按照上下班时间按指纹打卡，久而久之，大家都待的很懒散，D说有些坏习惯，是不能放之任之的，所以，他成了公司里的例外。

他还是按照公司规定的时间上下班，开发新客户，维系老客户，实在没有别的事情做，他就看新闻，研究挣钱的门道和新事物。

很久之后，他有些小积蓄了，也去过很多地方旅游，有一天他跟我说他想去苏黎世逛逛奥古斯丁巷。

我说你现在有钱有时间了，完全可以随时提上行程。

D说，不，还需要一两年的时间。

他后来说的一段话，我至今都记得，他说：我喜欢量力而为的旅行，不要所谓的穷游，我必须在我的经济能力与我要去的旅行地消费情况所匹配的情况下，才能去。当我去一个地方的时候，我要看它的文化、饮食、特色，我要住它代表性的酒店，我要吃它特色的菜，我要看到它更好更美的一面，而不是什么都舍不得买，更不是节衣缩食，我必须是更好的我，才配遇到更好的它。

住大通铺的青年旅社和三十九层的五星级酒店，看到的风景是不一样的，遇见的人和人的素质也是不一样的。

我有个姐妹搬了新家，她说，终于不必挤在与人合租的房子里，也终于不用面对斑驳的墙壁和脏乱的楼梯了，她的孩子将来可以入驻附近的重点小学，可以与同龄的孩子在小区里无忧无虑地玩耍，可以随时出入小区附近的大型商场，而不必和她一样，住在租来的房子，与厨房里随时可能出现的蟑螂为伍。

她的新房子环境很好，小区里有宽阔的路和地下停车场，绿植随处可见，干净的每一个角落都可以拿来当照片背景。房间视野开阔，从阳台望去，可以看见不远处的海平面，就像当年我们所期待的那样：面朝大海，春暖花开。

她说这些话的时候，没心没肺的样子，只有我知道，她为了更好地生活付出了多少的努力。

她那会儿为了拿下一个客户通宵做两版不同风格的方案，困的顶不住了就喝咖啡，最后喝到对咖啡免疫了，她就站起来去办公室外边漆黑的楼道里走两圈，夜深人静只有一个人的楼道里让人害怕，很快就醒盹儿了。

她老公也很拼，出差成了家常便饭，但有一点，我是很佩服他们的，那就是不论这条奋斗的路多难走，他们依然没有忘记初心，忙起来很忘我，不忙的时候就好好经营他们的爱情和小家，她会化精致的淡妆，会用团购的票与爱人看一场爱情电影，还养了几只金鱼和一些花，她老公的厨艺很好，我们去蹭饭夸他厨艺的时候，他会憨厚地说：媳妇儿太忙，导致胃口不好，我就琢磨着让她吃点有营养的菜。

现在，他们的生活条件好了很多，节奏也规律了很多，我想，这拼搏之后的所有的好都是他们应该得到的。

不抱怨只埋头勇往直前，是一个传说中的词语，不是人人都能做到，但也不是谁都做不到，你要一个更好的房子，要一个更高的平台，要看不一样的世界，你不努力成为更好的自己，你想要的永远不会有人给你。

生活赋予了我们追求更好生活的权利，也需要我们去尽这得到之前的义务。你只有成为更好的自己，才能遇见这个更好的世界。

这个世界有很多面，你所在的位置，看到的只是很小很小的一个点，沧海一粟，你想要看到更精彩的世界，先要成为更好的自己，你才有能力站在更高的位置，才有资本对更美好的世界说：Hi, I'm coming。

你凭什么让你一飞冲天

一个炎炎夏日，一位青年去拜见一位大人物。青年人汗流浃背。手里提着两大盒礼物。

大人物招招手，示意青年坐在他身边，并指给他看一本书。书上用蓝钢笔勾着几行字。青年疑惑地读完这几行字。大人物却没说话。而是把自己写的很多书拿出来给青年看。青年嘴上赞叹着。心里不以为然：你是呼风唤雨的人物，当然能做很多自己想做的事了！大人物似乎看懂了他的心思。只是微微一笑，随意地说了一句话："如果你想做。就没有任何理由可以阻挡你。"说完他意味深长地望了望青年。年轻人不语。当大人物打开了电脑里的一些照片，那都是他考察访问时和一些高层拍的。每张照片上的大人物都笑容灿烂，神采奕奕，让人一看就知道是一个春风得意的人。看完这些，大人物又从抽屉里取出一张照片。那是一名穿着工作服戴着头盔挥汗如雨的挖煤工人的黑白照片。大人物告诉青年，这名、工人就是当年下井干活的他。

青年明白了大人物的意思。可他还是不甘心。他说："我不是一个没有志向的人，也一直在为梦想努力。可是繁重琐碎的工作，几乎耗去了我全部的精力，我想换一份工作。这样就可以有宽松的时间做自己想做的事！"大人物点点头，表示认可。他问了青年一个不相干的问题："你是怎么来的？"

青年老老实实地回答："我先坐了一段公交车。下车后坐车不方便。又打的过来的。""花了多少钱？""打的8元。"大人物笑着说："你用1元钱的资本只能享受公共汽车的待遇；而你用8元钱的资本却可以享受小轿车的待遇。而前后的不同。是因为你投入的资本不一样。你拥有的资本越多，你可以享受到的自由也就越大。对不对？你有什么资本？"青年人一时语塞，不知说什么好。和同事们相比，他确实没有更多值得夸耀的东西。相反。他也许还要暗淡许多。

大人物语重心长地说："我也是从你这时候走过来的。也和你一样心浮气躁、叫苦抱怨了许多年。但是最后我还是利用业余时间学习研究，成功地解决了矿上的诸多难题。成了这方面的专业人才。如果你是千里马，就要快跑让别人看到你的长处。如果你是卧槽马，那只能和众人一样。每个人都是一盏灯，你想让自己比别人亮。只能拼命给自己加油。记住：真正影响光辉的是灯盏里的油！"

大人物指着他所带来的沉重的盒子打趣他："拿着这么重的东西一定会满头大汗；你要是轻松着走路，岂不更快！我刚才给你看的那几句话其实是一个和你干同样工作的人的成就。工作之外她写了这么多作品。做了别人都没有的成绩。她的收获注定了她现在的如鱼得水啊。"

告别了大人物，一路上青年想了很多。回来后他调整了心态。先是成功地瘦身。减掉了身上的30斤赘肉。每天无论多忙，他都会拿出两个小时学习。一年后成功考取了研究生。后来他又考取了心理咨询证书、国家二级裁判、一级裁判。他成了行业里的带头人，用成绩成功地打破了自己人生的瓶颈。终于他如太阳一样绽放出了无与伦比的光辉。拥有了极为广阔的天空。

你有什么资本？这句话就是他不断给自己加油的动力！

我们自以为坚强，
却还是这么软弱

我只是缺失了那么一点点勇气，
紧守了那一点点自尊……
我们都以为自己足够坚强，
却原来这么的软弱。

我们自以为坚强，却还是这么软弱

很早就见过他，平头，白衬衣，一双炯炯有神的眼睛。从我们高二楼前经过时，怀里总抱着厚厚的书。只知道他学习刻苦，但那天才知道，他是高三的尖子生。

那个暖洋洋的午后，班主任带着几个高三学生来给我们讲学习方法。五六十双眼睛齐刷刷看着台上轮流上阵的优秀生，无不流露出钦佩羡慕之情。

他是最后一个上台的，和前几位不同，没有大谈经验方法，而是直接拿起一根粉笔，在黑板中央洋洋洒洒写下一道数学题。这道看似普通的难题，他却用了不下5种方法来讲解。当3米长、1米高的空间写满公式符号，他终于笑了，这就是他要给我们讲的学习方法，贵在开阔思路。

只是他没想到，他同时也开启了一个女孩蠢蠢欲动、粉色荡漾的心。

在那堂课结束后，我打听到关于他的很多信息，他叫沈恪，年级前五名，热爱运动，获得过省数学竞赛一等奖。更令我惊喜的是，他的教室在我们楼上，每次放学，都会从这里经过。为此，我借故调换了靠窗口的座位，窗玻璃上贴着花纸，切开一个小口，就可以看到他匆匆走过的身影。

以往晚自习，总是一打铃我就回宿舍，后来观察到，自习结束后他还要待一会儿，我便一边看书，一边瞥一眼窗外，等他出来才收拾起书本。

那天晚上，只顾低头做题的我忘了看窗外，当难题终被解出，再抬头，熄灯铃都响了。我懊恼地收拾好书本，刚走出教室，四周便漆黑一片，想起小说里的恐怖情节，心如鹿跳。这时，前方啪一声蹿出一丝光，借着这亮光，我竟看到沈恪，举着打火机站在那里。他嘴角带着一抹笑，望着我说，你不必每晚等我，我来叫你。

我红着脸恨不得找个地缝钻进去，17岁的秘密就这样，在他的聪慧机敏下，不告而破。

[1]

果然从那以后，每晚，他都会轻叩两下玻璃，然后，靠在栏杆边等我。我的秘密变成了我们的秘密，心照不宣，守口如瓶。刻板平淡的高中生活，因为那两声轻叩，绚丽多姿起来。

晚上结伴而行的路上，我将抄有难题的纸条递给他，第二晚，他把写好解答的纸条再还给我。有时，旁边画一只可爱的皮卡丘。他安静的外表下，其实有颗顽皮的心。

我向他借高二的物理笔记，他蹙眉犹豫了一会儿，又点点头。三天后的课间，窗台上放了本笔记本，隔着玻璃，深绿色的封皮平整光滑。我快速跑出教室，打开笔记本，映入眼帘的干净清爽告诉我，它的崭新。我问他，他才说，以前那本弄丢了，重写了一本。高三的时间，寸阴寸金，一本笔记也许就是三套模拟题。可他，轻描淡写，便草草带过。

老师们希望沈恪左拥清华，右抱北大，为学校争光，载入史册。但老师们的鼓动并未奏效，他的目标庄重而务实。那所学校虽然没有清华名气大，也没有北大历史久，但它的航空专业却是沈恪心仪已久。

为此，我也暗下决心，将来报考这所重点大学。然后，与沈恪手牵手走在栽满杜鹃的校园里。

[2]

体检完后，离高考就只剩八十多天了。学校里的空气都似凝固，到处充满紧张压抑的气氛。沈恪反而放松下来，他不再每晚加班学习，一打放学铃便走出教室。

我想大概他胸有成竹，箭已在弦，只等一发。可有一晚，自习还没结束，他竟提前走出教室，经过窗口时，他没有停步。我顾不得周围人的惊异，跑出教室，在楼梯拐弯处将他拦住。

月光清透，我们的影子长长地拖在脚下，我一番不要松懈，要加油之类的老生常谈，他听了只是笑，轻蔑地笑。他说我怎么可能考不上，倒是你，明年能不能考上大学还是问题。

他转身走了，留下我，愣在原地好长时间。第一次，我清醒地看到我们之间的距离，一个优秀生与一个中等生之间的距离，仿佛这蜿蜒的楼梯，跨了多少级台阶，才能再上一层楼。我心如死灰，垂头丧气地站了好久，直到放学的人群将我淹没。

第二日，我用彩色胶带堵住玻璃花纸的切口，并在文具盒里写下那所大学的名字。以此激励，我要考上，必须，一定。我将挺起胸膛走进它的大门，让沈恪无地自容，羞愧难当。

我主动断绝了与沈恪的联系，他也不再敲窗等我。偶尔在路上碰到，擦肩而过时，我们竟形同陌路。

那天黄昏在操场，我又看到他，踢球时腿受了伤，低垂着头坐在地上。许久未见，他显得颓废邋遢，头发凌乱地盖住眼睛，也许是过于疼痛，他开始失声大哭。

我远远地望着，他的软弱，让我感到诧异心痛。我一时间感到茫然，不知到底该相信那个在讲台上自信飞扬的他，还是相信眼前这个不堪一击的男孩。

我更不知这样的他如何去面对高考，以及未来道路上四伏的挫折。

[3]

那年的高考我记忆犹新，雨下了两天两夜，我等了两天两夜。当考完最后一门，我心里一时冲动，打着伞奔向学校。隔着雨帘，我看到满脸疲倦的沈恪。那是我们最后一次碰面，他淡漠地瞥了我一眼，将书本顶在头上，快步离开了。再没有只言片语，一切就已结束。

新学期时，高考结果被张贴在校公告栏，所有考入大学的名单都在这里公布。我找到沈恪，他的名字卑微地夹在中间，只是，考上的学校既不是他所期盼的，也不是什么清华北大，而是一所普通大学。

我应该放声歌唱，应该高兴。我不费一枪一弹，就狠狠地回击了他。

他的自信成就了他，也是他的自信，摧毁了他。

可那一刻，我怎么都笑不出来，木然地站在橱窗前，整个人仿佛在烈日下融化开，黏稠无力。期待的结局似乎并不是这样。

紧张的高三开始了。我坐在沈恪坐过的教室，重复他经过的生活。我还是喜欢坐在窗口，看外面天空中，鸟儿自由飞翔。原来，再登一层楼，视野会如此开阔。

只是时常，晚自习结束，从题海中抬头，还是会想起沈恪，怨恨随着时间正抽丝剥茧。报考那所大学，更多地成了一种对自我的鞭策。

那年，我瘦了十几斤，换来的正是那所美丽校园的录取通知书。

[4]

大一暑假，为了迎接我的归来，父母在家里摆了一大桌菜，从医院刚下班的大姑妈也赶了过来。

聊到新鲜的环境，我滔滔不绝。姑妈问起我学校伙食如何，还反复提醒我注意传染病。尤其像乙肝之类的，最好打针预防。

姑妈到底是医生，警惕性太强。我笑姑妈杞人忧天，哪有那么多乙肝携带者。看我一脸轻松，姑妈叹口气说，你们上一届还是上上届，有个男孩，体检就查出是乙型肝炎表面抗原携带者。

我心里隐隐有种预感，我忙拉住姑妈的胳膊，那个男孩叫什么，叫什么。好像叫，叫……沈什么的，听说学习特别棒，可惜了呀，有的专业根本不收这类学生。

耳边似有一声闷雷惊炸，接下来的饭菜，我食之无味。真相被摊在桌面时，往事一下子那么沉那么沉。

那年体检过后，沈恪泄气松懈，当梦想落空，生命失去弹力，他没有了力量再次腾越。过往的疑惑在头脑中渐次过滤，难怪他曾疏远我，用言辞激我，在他折断梦想的翅膀后，更不愿我丧失飞翔的动力。

薄薄一纸化验单，让一个男孩坚毅的心志崩溃夭折。可最让人心痛的，那时的我没有在他身旁，哪怕一句安慰鼓励也没有。

后来，我辗转问了好多人，终于打听到他的联系方式。

依旧是个夜晚，拨通他的宿舍电话，一个男孩调侃地说，沈恪和女朋友浪漫去了。说完笑起来，还问我要不要留话。举着电话的手微微颤抖，我说谢谢，不用了。

当电话挂断，我再也忍不住，任眼泪肆意流淌。就在放下电话那一刻，我想起那年的黄昏，夕阳渐沉，沈恪坐在地上失声痛哭的表情。那么悲愤，那么失落。当隐忍的痛勉强找到一个借口时，终于轰然发泄。

每个人都以为他胆小，此刻我才懂，他哭泣背后的真正原因。

其实，那年他被扶到医务室后，我曾在门外徘徊了好久，但还是逃开了。我只是缺失了那么一点点勇气，紧守了那一点点自尊，为此，年少时最美好的一段时光，因为我的仓皇而逃，再也找不回来了。

我们都以为自己足够坚强，却原来这么的软弱。

这世间，能救你的只有自己

2013年10月9日，威尔迪搭乘好友艾瑞克的小飞机去看望远方正在热恋中的女友。登上飞机的那一刻他怎么也不会想到，自己走进的将是一段永生难忘的记忆。

那天傍晚，威尔迪和艾瑞克谈笑风生地走进机舱后，飞机在艾瑞克的控制下升上了天空。紧接着，威尔迪看见艾瑞克一下下地按着按键，将飞行模式设定成自动驾驶。然后，他转头望向窗外，看着地面上阑珊的灯火，想着自己朝思暮想的女友。忽然，威尔迪听到了呻吟声，他好奇地转回头，艾瑞克？艾瑞克！紧捂着胸口的艾瑞克冲威尔迪摆了摆手，然后强忍着按动了控制面板上的一个按钮，发出了呼救信号。随即，话筒里传来亨伯赛德国际机场传来的反馈信息。"我现在生病，无法继续驾驶，请求迫降。"话音未落，艾瑞克紧握话筒的手就松开了，他昏倒在地。

"艾瑞克，艾瑞克！"威尔迪不停地大声呼叫着。"喂，喂，听到请讲话，听到请讲话！"话筒里传来焦急的声音，威尔迪这才意识到，他此刻还在飞机上，飞机无人驾驶。威尔迪惊出了一身冷汗。他一手抱着艾瑞克，一手抓起了话筒，"驾驶员昏迷，驾驶员昏迷，我是乘客，我不会驾驶。"说完，威尔迪看着紧闭双眼的艾瑞克，暗想，难道今天你我就要粉身碎骨吗？正想着的时候，话筒里又传来声音："先生，请别怕，我们为您请来了两名最优秀的地面飞行教练，您一定可以在他们的帮助下安全降落地面。"

我能行吗，我可以吗？威尔迪问着自己的时候，身体已经不由自主地坐到了驾驶位置上，虽然他没有丁点的驾驶经验，但此刻，他别无选择。

"对，对，控制面板第一排左边的那个按钮，旋转，对旋转。"话筒里不时传来地面驾驶教练的说话声，威尔迪按照指令，两只眼睛左寻右看，两只粗大的手来回摆弄着那些密密麻麻的按钮。时间嘀嗒嘀嗒地过去，威尔迪显得手忙脚乱。"哦，别慌，千万别慌，你可以的，你完全可以的。"几十分钟后，威尔迪一点点冷静下来，他按照指令找到了好多个按钮！

飞机如愿一点点地下降，速度也在一点点地降低，威尔迪的内心有了一丝窃喜。"准备降落，3号跑道。"威尔迪按照指令操控着，"灯，灯在哪里？"威尔迪找了半天还是无法找到管控灯的按钮，任凭地面飞行教练怎样耐心地教。

飞机继续下降中，威尔迪必须马上操控降落了，虽然他无论如何也打不开飞机照明灯。此时，话筒里又传来教练的喊话，告诉他一旦不能落地要做的复飞动作和程序。威尔迪一一记好，然后按照指令下降。可是，触地时机身严重倾斜，不管威尔迪怎样试图调整都无济于事。随即地面传来螺旋桨碰到地面的巨大摩擦声和不断闪现的火花。无奈，威尔迪只得把飞机再次升起，准备再次迫降。

一次、两次、三次，第四次的时候，威尔迪终于在一个半小时的飞行后成功迫降，这简直让人难以置信。走出机舱的时候，一片如潮的掌声中，威尔迪看到警察、消防人员、救护人员以及机场管理人员一张张关切的笑脸。

和死神抗衡的一个半小时的飞行经历，成了威尔迪永生难忘的记忆。他用冷静、自信和坚持安然度过了人生的险境。面对记者发问，威尔迪总会幽默地回答，奇迹就产生在一个个不可思议中，不把自己逼到绝境，你永远不知道自己有多棒。

人生难免会遭遇困难、险阻甚至绝境，常常我们以为自己翻不过那道山、走不过那道坎，但如果你打起精神，在永不放弃中寻求突破，或许就能在不可思议中超越了自己。说到底，这世间真正能救你的，只有你自己，除此外，别无他法。

只有一条路是去罗马的

这些年，我很在意整理知边的物件，譬如时刻保持鞋架的整洁或书架的井然。我无洁癖，而是刻意为之。深知成功之难，挫折时时躲在镜子的死角或侧翼，而这些看似不起眼的日常细节，善待它，就能成为阳光或氧气，滋润自己，令自己保有一颗恒心，让坚持成为习惯。

是的，只有当坚持成为潜行、变成习惯时，坚持才可能被喝彩、祝福。

做什么事天分很重要，但光靠天分是做不成事的。天分是飘忽云端的锦彩，是闪耀水面的流光，虽然能够察觉，但还并不真正被你拽在手中，踩踏在脚下。它像你呼出或吸入的气，是你的，又不是你的。它急促而瘦弱，消耗或闲置是摧毁的前奏，寒冷落寞无言。当你蓦然想起它时，也许早已随着时光流走。

记住，当你发现某种天分，请盯紧它，如同盯紧你的生命，然后朝着它来的方向寻去，直到它逃无可逃，撞进你的怀里。

何为坚持？两个字：一个"勤"，一个"忍"。

说起勤字，或许首先让人想到"勤能补拙"这个质朴又带点儿褒奖意味的成语。我要说，这是一个谎言。勤是补天的，不是补拙的。让勤去补拙，无异于哪壶不开提哪壶，让自己谋杀自己。人倘不能循天赋而动，越是坚持，越是自我为难，自我损耗，最后即便成功也是范进中举式的成功。我认为，天道酬勤，是天在先。这里的"天"字，即代表青天，也代表个人天赋。人人都有自己的天赋，把事业种在天赋的土壤上，做自己擅长做的事，辅以勤劳，辛勤浇灌它，有天助，有地助，有自己助，风顺雨来，雨过天晴，埋下的种子才会微笑。

再说"忍"字。人天生最怕忍字，在忍耐中坚持，如同热锅上的蚂蚁，只想逃生，是做不了事的。但没有一个读书人会为天天掌灯读书当受罪，因为习惯使然。习惯既是生活方式，也是内容，在习惯中做事，像风消失在风中，是天人合一的意味，大道无痕的感觉。所以，要把"忍"字做好，最好的办法是养成习惯，让习惯去把这个字抹掉。

人生苦短，路途却漫长，沿途风大浪恶，机遇与挑战并肩，诱惑与陷阱共存，你要自卑，更要自信；你要知彼，更要知己；你要辛勤劳作，更要循天分而动。通往罗马的大路只有一条，多一条都是歧途。

这些年，我很在意整理知边的物件，譬如时刻保持鞋架的整洁或书架的井然。我无洁癖，而是刻意为之。深知成功之难，挫折时时躲在镜子的死角或侧翼，而这些看似不起眼的日常细节，善待它，就能成为阳光或氧气，滋润自己，令自己保有一颗恒心，让坚持成为习惯。

是的，只有当坚持成为潜行、变成习惯时，坚持才可能被喝彩、祝福。

做什么事天分很重要，但光靠天分是做不成事的。天分是飘忽云端的锦彩，是闪耀水面的流光，虽然能够察觉，但还并不真正被你拽在手中，踩踏在脚下。它像你呼出或吸入的气，是你的，又不是你的。它急促而瘦弱，消耗或闲置是摧毁的前奏，寒冷落寞无言。当你蓦然想起它时，也许早已随着时光流走。

记住，当你发现某种天分，请盯紧它，如同盯紧你的生命，然后朝着它来的方向寻去，直到它逃无可逃，撞进你的怀里。

何为坚持？两个字：一个"勤"，一个"忍"。

说起勤字，或许首先让人想到"勤能补拙"这个质朴又带点儿褒奖意味的成语。我要说，这是一个谎言。勤是补天的，不是补拙的。让勤去补拙，无异于哪壶不开提哪壶，让自己谋杀自己。人倘不能循天赋而动，越是坚持，越是自我为难，自我损耗，最后即便成功也是范进中举式的成功。我认为，天道酬勤，是天在先。这里的"天"字，即代表青天，也代表个人天赋。人人都有自己的天赋，把事业种在天赋的土壤上，做自己擅长做的事，辅以勤劳，辛勤浇灌它，有天助，有地助，有自己助，风顺雨来，雨过天晴，埋下的种子才会微笑。

再说"忍"字。人天生最怕忍字，在忍耐中坚持，如同热锅上的蚂蚁，只想逃生，是做不了事的。但没有一个读书人会为天天掌灯读书当受罪，因为习惯使然。习惯既是生活方式，也是内容，在习惯中做事，像风消失在风中，是天人合一的意味，大道无痕的感觉。所以，要把"忍"字做好，最好的办法是养成习惯，让习惯去把这个字抹掉。

人生苦短，路途却漫长，沿途风大浪恶，机遇与挑战并肩，诱惑与陷阱共存，你要自卑，更要自信；你要知彼，更要知己；你要辛勤劳作，更要循天分而动。通往罗马的大路只有一条，多一条都是歧途。

继续努力，人生就有奇迹

Fay妹今天满两岁了，活泼可爱。

这两年，她真的"教"了我们这些大人很多很多事。

怎么说呢？

两年前的今天，我面临此生中最大的考验，因为，怀孕7个多月产检时，发现Fay妹"腹积水"。

当时头一次听到"腹积水"这个名词，当然非常陌生，产检医师不愿多说什么，我们已有预感，隔几天，赶忙去找了胎儿治疗权威医师。

做过超音波确诊胎儿腹积水，并得知妹妹肚子撑得很大，很急，医师希望我隔天就排时间回来做羊膜穿刺，确定妹妹不是唐氏儿，再考虑生下来。

听到这里我快晕倒了。

都怀胎7个多月了，难道要拿掉吗？

甚至妈妈在做羊膜穿刺的同时，妹妹也要同时穿刺抽腹水，承担着巨大的风险，但，听医师的意思，当时的状况是非处理不可，我就只能同意。

心中充满巨大的不安，我渴求不要有问题。

我企盼着，奇迹出现。

那支长针，在我肚子里来回穿梭，虽然很不舒服，但我不断告诉自己要勇敢，也一边跟肚子里的妹妹精神喊话，要和她一起加油！过程中，妹妹一直"闪针"，动来动去，非常惊险，折腾了5分钟，医师总算顺利将长针穿过妹妹的肚子，抽出了第一管腹积水，而且总共抽了满满两管。

谢天谢地，第一关算是完成。但为什么会"腹积水"呢？医师解释了可能的几个原因，其中最常见的也是最轻微的就是肠子破裂（胎便腹膜炎），因为肠子有破洞才会造成肚子积水，这种状况的小孩出生一两天内就要开刀治疗，把破掉的那段肠子取出即可。不过，也有可能是更严重的问题，譬如呼吸器官没有发育完全、淋巴系统出问题、先天性心脏问题、染色体异常……

后来，医师来回做超音波检查，看到心脏大致正常，胸腔也没有积水，羊水也没有过多，只有腹部积水。以他专业的判断，应该是最常见的第一种：肠子破裂。

隔天再看报告，唐氏症筛检正常，但又有一个坏消息——淋巴球的数目比正常值多很多，怀疑是淋巴系统的问题造成腹水。医师说，如果是淋巴系统造成的腹水，那就可能不是肠子的问题，也许连刀都不用开了。

怀着忐忑不安的心情，按照医生的指示改变饮食习惯，调整为清淡，还每天念经安定心神，不断地给妹妹加油，希望情况得到改善。

终于，让我们撑到第37周和医师约定剖宫的日子，产前超音波也显示妹妹的腹积水减少，真是"奇迹"，但我知道，我需要更多的奇迹。

Fay妹出生的那一刻，脸还肿肿的，一出生就被送往重症加护病房，鼻子有时要插呼吸器，而嘴巴必须有根管子通到胃里去抽出喝下去的奶做消化分析，全身上下布满了管线，手脚上都打着点滴。看到她一个小baby受到这些苦，心情真是五味杂陈、百感交集，又担心又害怕，又心疼又怜惜。

直到出生第六天，她仍在保温箱，但管子终于拔掉了。

至此，我真的感谢上苍，几个月前，这是我们想都不敢想的最好结果。

最后Fay妹在住院半个月后，因查不出任何造成腹积水的原因，健健康康地出院了。

如今，感谢天感谢地，给我们一连串的奇迹，Fay妹平安健康地长到两岁了。

看着两岁的她，我只有一个感想——

人生就是为了"奇迹"而努力。

尽管奇迹在一开始的时候看起来不会发生，但无法制止我们继续努力。而当我们继续努力，就有某种奇特的把握感，奇迹，肯定会发生。

你说呢？

一直努力，一直成长

庄子在两千多年前说过，"蟪蛄不知春秋"；苏轼在一千多年前有言，"寄蜉蝣于天地"。节肢动物常以短寿者的形象出现在世人的眼中和印象里。然而，有一种水生节肢动物却大大颠覆我们这一带有普遍性的观点，它就是龙虾。

龙虾又名大虾、虾魁，属于节肢动物门甲壳纲十足目动物。龙虾的身体分为头胸部和腹部两部分，最突出的外部特征是它那一对或者多对变形为长螯的足，看上去很是威武。龙虾无论体长还是体重都稳居虾类动物中的榜首。

海水之中危机四伏，险象环生，龙虾喜欢栖息在水草和石头缝隙等藏身处以躲避天敌的袭击。除此之外龙虾还有一个重要的防御手段，那就是其体表覆盖的一层坚硬多棘的外骨骼。这副威武的"盔甲装备"可以令海龟等捕食者打消以龙虾果腹的念头，从而让其脱离险境。

龙虾是一种一生都处于生长状态的神奇动物，堪称是大海中一朵活到老、长到老的移动奇葩。随着龙虾个头的日益增大，旧日里披挂在外面的那副威武一时的盔甲逐渐成为一种令其窒息的束缚之物，于是换壳活动就成了一件势在必行的事情。

事实上，换壳活动是伴随龙虾一生的一件大事，每次通过换壳以扩身的龙虾体型会因为有了自由空间而逐渐增大到原来的百分之一百二十，直到下一次换壳。龙虾出生后的第一个年头是其快速生长期，为了满足自身生长的需要，龙虾在这一年要大约换壳十次之多。之后的若干年里，由于生长速度逐渐放缓，换壳频率也会相应地降下来。

每次换壳对于龙虾而言，不仅是一次身体的释放，更是一次生死攸关的考验，刚刚蜕壳的龙虾处于防御能力最弱的时刻，也是最危险的时刻，好在其新换的外骨骼能够最快在十二小时后实现硬化。

此外，龙虾的这一不断生长的能力还赋予了它很强的肢体自我修复本领。为了迷惑天敌等原因龙虾常常会丢掉身体上的部分肢体，但新的肢体还会在其随后的几次换壳中得以修复，这无疑为龙虾保持较高水平的环境适应能力提供了重要的保障。

2015年8月2日，中国渔民李军方在渔山岛附近海域捕获到了一只色彩斑斓的中华锦绣龙虾。这只龙虾身长55厘米，还比较"年轻"，当场就有人愿意以8万元的重金买下，但遭到了拒绝，李军方希望该龙虾能够摆脱被吃掉的命运。

2013年一位英国渔民曾经在多塞特郡附近水域捕获到一只看起来外形有些恐怖的巨大龙虾，其前面的一对螯足强大如钳，可以轻而易举地夹扁一个易拉罐瓶。这条龙虾身体长度达到了76厘米，年龄在60岁以上，堪称元老级别了。由于体型过大、年龄过老、肉质水平下降而不再适宜烹饪，所以该龙虾被送往了一家水族馆看管。不过，这还远远没有达到龙虾的生命峰值，据生物学家介绍，龙虾的寿命可以接近一百岁，身长可以达到80多厘米，体重可以达到20千克，只不过这样的超级大龙虾极为罕见而已。

因为终生成长，所以身体日新；因为身体日新，所以生命之力鼓荡体内长久不衰，这就是虾之大者长寿之路的全部秘密。

你永远不知道，他以什么姿态闯入

你永远不知道对你的一生有重大影响的人，是以一种什么样的姿态闯入你的视野。

程利今天还记得丹尼斯初见他时的那一声呼啸。正走在校园里的高二男生程利只觉得脑后一凉，丹尼斯的小轮车已经急速在他面前绕了一小圈，后轮点地，像一匹小银马一样立起来，昂头，仿佛发出嘶鸣。丹尼斯使出3成功力，看着这个目瞪口呆的中国小伙子，以生硬的汉语叫出了他的名字："程利，你是我的学生，我是你的新外教丹尼斯。"

于是程利见到了丹尼斯汗津津的脸，在11月，大多数男生已经穿上夹绒校服时，这位蓝眼睛的美国人穿着短袖短裤，戴着摩托车手一样的头盔，背着水壶和背包，仿佛跨上车就可以去周游世界。程利立时被他的潇洒劲儿打动了，张口结舌地问："你怎么会认识我？"丹尼斯笑起来，说："我在校门口的橱窗里看到你的航模玩得很好，拿了大奖。不过，玩航模太文静了，你有没有兴趣跟我玩自行车？"

这下轮到程利笑着说："自行车？我5岁就会骑了。10岁，前面带着表妹，后面带着双胞胎表姐，这种高难度动作我都尝试过，还用得着拜师学艺？"

丹尼斯也不说话，车头一摆，身体就在空中旋转360°，再将前轮凌空抬起，光靠后轮上的一个支点，连人带车一跳一跳地上了程利面前的那段台阶；快上到顶的时候，丹尼斯开始扭麻花一样摆弄他的前轮和车头，双脚蹬上前轮、坐垫或车轮边形同火箭筒一样的金属管，稳稳地保持平衡，同时向程利做鬼脸儿，亮出白牙。

耍了一大圈，周围已站满男生，众人齐声喝彩，丹尼斯刮了一下程利的鼻尖收住车："你服不服？要不要拜师傅？我看你体格不错，是好苗子，免费教你！"

程利这才知道地球上还有街式自行车这回事，与它相比，前车篓装着排骨青菜，后车架驮着小孩子的自行车只能算一匹老瘦马，古道西风，四平八稳，早已经不起半点颠簸，而发源于美国加州的街式自行车才是桀骜不驯的野马驹子，在陡峭的街边场地练习时，往往比街头灌篮更让人热血沸腾。街式自行车上，挥洒的是男孩子的青春热力，当你练习一个高难度动作时，宅在家里的惰性就会在每一次转体、每一次跳步、每一次"神龙摆尾"中消失得一干二净。

从此程利和穆传启他们四五个男生，放学后总要与丹尼斯在学校图书馆前的台阶上，练上一个小时的车再回家。从深秋到早春，程利再也没有穿过羽绒服出门，再冷的天，几个转把、丢把和倒车跳跃的动作一做，夹绒校服就要脱掉。26岁的丹尼斯高兴地说："程利，你身体里也有小火炉在燃烧。"

丹尼斯一半像孩子，一半像诗人。有一次，程利发挥得特别好，腾跳动作有如神助，丹尼斯微笑着说："闻到蜡梅花的香气没有？是这种香让你腾云驾雾。"

所有的男生都笑了，外教来了不到3个月，连中国神话都能这般活学活用。

但丹尼斯是一个待不住的人，第二年他就去了印度，因为恒河两岸陡峭的台阶对街式自行车爱好者来说，实在是太大的诱惑。

丹尼斯走后程利经常梦见他，梦见恒河的新月升上来，镀亮了丹尼斯昂扬向上的车前轮，那一刻，他竟像骑在闪闪发亮的月牙上。

图书馆门前的赛车会后来移到了一家银行门口的小广场上。程利和穆传启他们都考上了本市的大学，每到周末与车友一聚，似乎成了他们缅怀高中时代的一种方式。程利也认为像丹尼斯那样二十八九岁的自由青春在国内是极为罕见的，快30岁的男生，在中国还能满世界行走没有一份正式工作吗？还能不赶紧贷款买房、结婚生子？可以自由游荡的青春，在很多中国男孩身上，不是到大二大三就结束了吗？

有一天，在一组高难度的对决后，程利和穆传启席地而坐。穆传启突然重重地拍了拍程利的肩："忘了跟你说，9月8号我就飞到加州去了，转学去读那边的商科，他们承认这边的一半学分。"

9月8号正是他们升入大二的第一个周末，转眼间，丹尼斯已经离开整两年了。

"永远在平路上骑车不会吸引我，轮子下面要有跌宕。"程利记得穆传启那一晚挥手离去，这位勇敢的兄弟终于要去BMX街式自行车的大本营了，他白衣白裤，与他的银色自行车消失在渐凉的风里，像一匹野马驹跑进了它的天堂。

既然所有人的青春都自由广大，一去不返，那至少在它消失前，做你想做的吧。

笑对命运的磨难，点燃生活的信心

　　2012年2月14日，情人节的温馨气氛冲淡了早春的寒意，在湖南省洞口县高沙镇一间民居里，一个叫曾昭沐的年轻人像往常一样开始了一天的忙碌。由于罹患尿毒症，从17岁起，曾昭沐就自己在家进行腹透，平均每天达4次之多。透析之间宝贵的几个小时，是曾昭沐用来网上写作的时间，凭着顽强的毅力，他先后发表了十多万字的作品。

　　上午11点，曾昭沐结束了从9点开始的透析，然后不顾透析后身体出现的不适反应，他打开电脑，登陆中文网，去更新自己创作的魔幻小说《大对决》。这时，QQ登录界面提示他：今天是情人节。曾昭沐愣了一下，想到别人可以在玫瑰和爱的浓情蜜意中度过一个浪漫的情人节，而自己却被病魔缠身，只能在孤独和病痛中熬日子，爱情离他似a乎那么遥远。为了排遣内心的落寞，曾昭沐随手打开QQ漂流瓶，丢出一个瓶子，里面写下了他对爱情的期盼："梦中的姑娘，每次呼吸，每次企盼，都如此珍贵，时间不多了，你却还不出现。"然后，他接着专心创作。几个小时后，曾昭沐无意中看到漂流瓶有了回音，打开一看，是一个叫小妖的网友的回复。更让他惊讶的是，小妖的回复竟是一只求救瓶："曾经，我美丽，富有，像公主。可现在，我绝望得要自杀。我在澳门输了一百万，你敢爱我吗？"

　　小妖的回复让曾昭沐很震惊，又有些摸不着头脑。他想了一下，回复她："生命如此宝贵，遭遇一点挫折就想自杀，未免对自己的人生太不负责了。"而小妖却不为所动，回复道："我想在澳门投海，请你指点迷津！"还向曾昭沐要手机号码。虽然曾昭沐不知道小妖到底是何许人，但还是怀着好心把手机号码告诉了她。不一会儿，小妖就打来了电话，经过一番诚恳的交谈，曾昭沐对小妖有了了解。小妖的真名叫王雅妮，比曾昭沐大一岁，是四川人。父亲是个生意人，母亲在她年幼时就去世了。性格叛逆的王雅妮在考上大学后，厌倦了学习，休学一年后，她与一个自称是摄影师的男子一见钟情，在他的怂恿下，两个人一起跑到澳门去赌博，却输了个精光，还欠下了一百多万的高利贷。就在这时，男友却神秘消失了。闻讯赶来的父亲为王雅妮偿还了巨额债务，并当面跟她脱离了父女关系。爱情、亲情一夜之间崩塌，王雅妮绝望了，她来到海边，准备自杀。无意中，王雅妮用手机上网时意外捞到了曾昭沐的寻爱漂流瓶。她想在自杀前，顺便跟一个人倾诉一下内心的痛楚。

听了王雅妮的哭诉，曾昭沐语重心长地劝慰她："人生没有迈不过去的坎儿，你到我家来吧，当你看到我的样子时，就不想死了。"曾昭沐问清了她的具体位置后，赶紧打电话给在澳门的一个朋友，让他去海滩找王雅妮，并将她带来。

2月16日晚8时，曾昭沐的朋友带着王雅妮乘车来到了洞口县曾昭沐的家中。当王雅妮见到曾昭沐时，曾昭沐正在厨房里热火朝天地忙活着。看着眼前这个脸上洋溢着阳光的男孩，王雅妮惊讶地问道："你不是绝症患者吗？"曾昭沐笑着说："我只要吃了四顿饭（透析），就能干活了。"这天晚上，曾昭沐做了一顿丰盛的晚餐款待王雅妮。

第二天，当明媚的阳光透过玻璃窗照进室内时，王雅妮醒了。此时，曾昭沐已经做好了白天的第一次透析，正坐在电脑前艰难地打字。由于尿毒症导致他视力减弱，曾昭沐几乎要把眼睛贴在电脑上才能看清楚。看着他吃力的样子，王雅妮走过去说："我给你当打字员吧，这样你写稿就容易多了。"

从此，王雅妮就在曾昭沐家住了下来，一则痛定思痛，借机丢掉过去放荡的生活。二来也可以帮帮曾昭沐。经过一段时间的相处，曾昭沐被病魔折磨的痛苦和他与病魔搏斗时的勇敢、乐观精神，深深震撼了王雅妮。每次更换插入体内的管子时，曾昭沐都痛得满头大汗，可是他还扔给王雅妮一句："全身疼出一身汗，好比疯狂运动了一场还过瘾！"曾昭沐身上展现出来的那种面对厄运不屈不挠、坚强求生的意志，让王雅妮懂得了健康的可贵、生命的美好，她的人生观也在悄悄发生变化。

时光在两个年轻人中间悄然流逝。2012年4月，由于体内毒素堆积，曾昭沐的左眼失明了。一天，曾昭沐让王雅妮到镇上买来放大镜，然后从自己的枕头下摸索出一张信纸。原来，在交往的这段时间里，曾昭沐渐渐爱上了王雅妮，他不知道死神给他留下多少时间，让他待在她身边，他得抓紧时间向她表白。信纸上是他写给王雅妮的一首诗，借着放大镜，曾昭沐展开了信纸，当着王雅妮的面念起来："你的眼，似那二月轻柔的风……我搁浅的心，何时靠岸。"王雅妮泪流满面。两个历经磨难的年轻人，彼此迸发出了爱的火花。

　　几天后，曾昭沐突发高烧，双眼紧闭，全身抽搐。看着心爱的人在床上痛苦地翻滚，王雅妮心如刀绞，她决定连夜赶回成都，向父亲求助，筹钱给曾昭沐换肾。可是曾昭沐的父亲却拦住了她，老泪纵横地说："曾昭沐在16岁就被诊断为尿毒症晚期，今年是换肾的临界点，往后中毒会更深。你是个好姑娘，沐儿不能拖累你，你还是死了这条心吧！"王雅妮听后不禁失声痛哭，她一把抓住躺在床上的曾昭沐的手，斩钉截铁地说："咱们就像你的《大对决》里说的一样，你是我捧在手里的心，我是你为生命战斗的火，你把我从崩盘的人生中拉出来，我就不会放弃你的生命之火。我们一起战斗！"曾昭沐眼里涌满了泪，咬着牙点了点头。

　　第二天一早，王雅妮就带着曾昭沐给她的五百元路费，坐上了回成都的火车。到家后，王雅妮向父亲真诚道歉，还抢着干家务活，完全没有了原先衣来伸手饭来张口的娇娇女的架子。而面对王雅妮的求助，继母告诉她，自从她在澳门豪赌后，为帮她还债父亲已拿出了一百万元，后来又接连投资失败，掏空了积蓄，如今一家人就靠着两个门面的租金生活，对于曾昭沐的处境实在爱莫能助。听着自己曾经的任性和无知给家里闯下的大祸，王雅妮再一次流下了悔恨的泪水，她对父亲说："从曾昭沐身上，我学到了人生中最重要的一课，那就是每个人都要对自己的人生负责，而如今曾昭沐就是我负责任的、不会改变的选择。"见王雅妮态度坚决，父亲默默地把原来为王雅妮存的10万元压岁钱给了她，要她自己拿主意。面对着这份如山般厚重的父爱，王雅妮再一次泪流满面，随后，王雅妮带着钱回到了曾昭沐的身边。

　　王雅妮带着曾昭沐走访各大医院，成都医科大学的医生们的一番话让他们内心燃起了信心和希望，医生告诉他们，曾昭沐还年轻，仍有希望通过换肾延续生命，但需要50万元的手术费。为了筹集手术费，王雅妮拿出父亲给她的钱，在洞口县城创办了一家家政公司，一边创业挣钱，一边在网上为曾昭沐募捐。

2013年，曾昭沐在起点中文网预告了《大对决》的结局，知道两个人故事的网络粉丝们纷纷为他募捐，随着一笔笔带着爱心和温暖的捐款由各种渠道涌向曾昭沐，这对患难与共、不离不弃的恋人也看到了希望的曙光。

一个是身罹重症却自强不息的文学青年，一个是误入歧途要洗心革面的妙龄女孩，携手面对命运的磨难，点燃了彼此对生活的信心，成就了两个人的生死之恋。真爱，往往可以抵御风雨的欺凌，让生命如春花般怒放！

原谅青春期的自己

　　那时我读高一，是被舅舅费了很大的劲，才把我从一所普通中学转到重点高中。我走进教室的时候正是课间。老师在混乱嘈杂中，简单地介绍了几句，便让我坐到安排好的位置上去。没有人因为我的到来而停止喧哗。我突然地有些惶恐，像一只小动物落入陷阱，怎么也盼不来那个拯救自己的人。而蓝，就是在这时回头，将一块干净的抹布放在我的桌上，微微笑道："许久没有人坐了。都是灰尘，擦一擦，再放书包吧。"我欣喜地抬头，看见笑容纯美恬静的蓝，正歪着头俏皮地看着我。

　　第二天做早操的时候，我偷偷地将一块奶糖放到蓝的手中。蓝笑着剥开。并随手将漂亮的糖纸丢在地上。我是在蓝走远了。才弯腰将糖纸捡起来，细心地抚平，并放入口袋。

　　蓝是个活泼外向的女孩，她的身边总有许多朋友，是我这样素朴平淡的女孩，永远都无法有的。但是想要一份友情的欲望还是强烈地推动着我靠近蓝。

　　我将所有珍藏的宝贝送给蓝。邮票、书、信纸、发夹、丝线、纽扣。我成绩平平。不能给蓝学习上的帮助；我长相不美，无法吸引住蓝身边的某个男孩：我歌声也不悠扬，不能给作为文娱委员的蓝增添丝毫的光彩；我还笨嘴拙舌。与蓝在一起，会让她觉得索然无味。我什么都不能给蓝，除了那些不会说话且让蓝并不讨厌的宝贝。

　　起初，蓝都会笑着接过，并说声谢谢。她总是随意地将它们放在桌面上，或者顺手夹入某本书里。她甚至将一个可爱的泥人，压在一摞书下。她不知道那个泥人，是生日时爸爸从天津给我专程买来的。它在我的手中半年了。依然鲜亮如初，衣服上每一个褶皱，都清晰可见。可是，我却在送给蓝之后的第二天，发现它已经脱落了一块颜色。我小心翼翼地提醒蓝，这个泥人是不经碰的。蓝恍然大悟般地将倒下的泥人扶正了，又回头开玩笑道："嘿。没关系，泥人没有心。不知道疼呢。"

这个玩笑。却是让我感伤了许久。就像那个泥人，是我满心欢喜地让它站在蓝的书桌上，等着她爱抚地注视它一眼，可是，蓝却漫不经心地，像扫掉尘土一样，将它碰倒在冰冷的桌面上，且长久地忘记了它的存在，任由尘灰落满它鲜亮的衣服。

我依然记得那个春天的午后。我将辛苦淘来的一个漂亮的笔筒送给蓝。蓝正与她的几个朋友说着话，看我递过来的笔筒，连谢谢都没有说，便高高举起来。朝她的朋友们喊："谁帮我下课去买巧克力吃，我便将这个笔筒送给谁！"几个女孩，纷纷地举起手。去抢那个笔筒。我站在蓝的身后，突然间很难过，而后勇敢地、无声无息地将那个笔筒一把夺过来。转身离开前，我只说了一句话："抱歉，蓝，这个笔筒，我不是送给你的。"

我终于将对蓝的那份友情收回，安放在心灵的一角，且再不肯给任何一个淡漠它的人。

许多年后，我在人生的旅途中，终于可以一个人走得从容、勇敢、无畏。且不再乞求外人的拯救与安慰，这时候。我再想起蓝。方可真正地原谅她。我想原谅蓝，其实，也是原谅那个惶恐无助的年少的自己。

你不知道，你现在有多美

在漫长的青春岁月里，我一直梦想着自己有一天会成为夏蓝蓝。

第一次期末考试，她的成绩排在了班里的第三名。那时候的我黑且瘦，齐耳的短发，穿姐姐的洗得发白的校服，摇摆不定的学习成绩……我时常想，哪怕我能成为夏蓝蓝毛衣上的那一颗红纽扣也是好的。

每次见到我，夏蓝蓝总是热情地打招呼，"嗨，高闪闪！"那时候的我就像是路边一棵蒙尘的小草，看到夏蓝蓝我总是远远躲开，我害怕她身上那种耀眼的光环会刺痛我年少自卑的心。

我悄悄喜欢同班的阿文，那个高高瘦瘦总是喜欢穿白色衬衣的男孩子。那天在校园里，我远远地看到夏蓝蓝和阿文一起有说有笑地走过来。那天晚上我流了很久的泪，觉得自己就像一只丑小鸭。

高三那年，夏蓝蓝毫无悬念地考上了北方的一所重点大学，我只考进了省内一所普普通通的二本院校。大学四年我异常努力，把别人约会的时间都用在了学习上。毕业之后因为成绩优秀，很多公司向我抛出了橄榄枝，最后我选择留在一所学校做一名教师。

我向我想要的生活，一步一步走近。原来黑黑瘦瘦的我在工作之后，愈发充满了女性柔美的气息。

在学校里我很受学生欢迎，他们亲切地称呼我"闪闪惹人爱"老师。开始有同事约我去看电影，开始有男孩子说喜欢我。

我将年少的心事讲给后来的男友听，他捏捏我的鼻子，微笑着说，"傻丫头，你不知道你现在有多美。你是我见过的工作状态最饱满的女孩子，而且无论对谁都热心帮助，我最看重的就是你这颗善良的心。"

后来我跟这个男孩子结了婚，生活从最初的清苦到最后的逐渐富裕，我对生活的热爱始终不减，态度积极得像一棵向日葵。

生活在不知不觉中赋予了我更多美丽的东西，我开始明白，自信是女孩子身上最漂亮的锦衣，穿上它，每个女孩子都可以变成美丽的公主，因为生活总是偏爱热情善良的人。

毕业很多年之后，高中同学聚会，我再一次见到了夏蓝蓝。她还是那样美丽。只是此时的我站在她身边，早已经没有了往日的自卑。

我经常将我的故事讲给学生们听，我会告诉那些也如曾经的我一样自卑的少年们，只要你不放弃对美好的追求，在经过岁月的磨砺之后，每个人都能拥有一对闪闪发光的翅膀，在自己的岁月里破茧成蝶。

奋斗过，才会青春无悔

我们是20世纪90年代的老北漂。那时我们年轻，有梦想，所以漂在这座并不属于自己的城市里，在外人看来很辛苦，而我们却觉得很快乐。那时我们赚着很少的钱，租着廉价的小平房，冬天没有暖气，也没有空调，上厕所要排队。工作日的黎明，几乎每天都是天不亮我们就要走出蜗居的巢穴，顶着寒风一路狂奔，跑向一个又一个公共汽车站，在人潮汹涌的车厢里，我们一路颠簸，啃着刚从街边买的油条或者小笼包，睡眼惺忪地赶到单位上班，开始一天的忙碌。

最无悔的青春就是奋斗

我们积极、努力、上进，只为能够拥有一个更好的明天，只为了再不怕失业、再不怕房东以各种理由赶我们搬家……我们过怕了居无定所、颠沛流离的生活，我们再不想捉襟见肘，可怜兮兮地和房东说着好话，请求他再宽限几日……

我们的每一天都是充实的，忙碌的。因为我们知道，要想在这座钢筋水泥的城市里扎下根来，就必须有经济基础，而经济基础，来自我们的勤奋和技能。

我们是一批曾经回到家乡，被家乡人称作北京人，在北京又被北京人称为外地人的尴尬人；我们曾经是披星戴月、顶风冒雪加班回来，却突然发现在这座万家灯火的城市里竟然没有一扇属于自己的窗口的黯然神伤者；我们曾经是为了能在北京买得起房子节衣缩食积累财富数字的人……

我们选择北漂，为的是将来不再漂泊；我们辛苦打拼，为的是在北京买得起房子，结得起婚，生得起孩子，养得起儿女，有个良好的生活……

还记得，租房时我们大包小包地搬运行李，每一次搬家都恨不能生出三头六臂；还记得，外出找房子时，我们奔波一天无果，只得沮丧地回到房子里写字条，然后趁着夜色到小卖部买一瓶胶水去附近的小区里贴字条，每走几步贴一张，贴之前还要东张西望，行动迅速敏捷如地下党……

当我们终于攒够了买房子的首付，又城南、城北、城东、城西地奔波，比较价格、地理位置等优势条件；我永远不会忘记，房子装修时，我怀揣万元钞票坐在运送瓷砖的大卡车前排座里，紧张地眼观六路，戒备心极强地惊恐不安；我不会忘记我背着一大包饼干和一瓶矿泉水一整天都坐在嗡嗡作响的新房的门槛上看工人师傅贴瓷砖；然后顶风冒雨，赶最后一班夜车回租住地……

就这样，历经数年的岁月艰辛，我们为我们的梦想留了下来，我们在这座城市坚守、打拼，我们终于有了我们想要的生活。面对已经失去的青春，我们从来就没有后悔过。

当80后、90后的学弟、学妹们还在讨论着北上广是座围城，是去是留的时候，作为比他们年长一些的老北漂，我只想告诉他们：如果你想留下来，坚守是你迈向成功的第一步，而努力奋斗才是你最终走向成功的最重要因素。

错过了最期待的，未必想要了

那天看到一句话颇为触动：20岁时买得起10岁时买不起的玩具，又有什么意义呢？人生就是这样，错过了就再也回不来了。

大部分人在成长过程中，对物质需求的满足还是颇有怨怼的。作为孩子，消费的每一分钱都来自父母，自然也得被安排。

大部分时候我是一个很节省的人，这在现在的时代似乎算不上优点，有些地方甚至有些轻微的强迫症。比如，点的菜再难吃也要尽力吃光，买的西瓜不甜也会坚持吃完，并且自我安慰说总比吃黄瓜强。因为是花钱买的，因为是别人的劳动成果，因为扔了就是垃圾，会给环境增加负担。这个过程自然不会很愉悦，因为我真的想了这么多，心也挺累的。可是，扔了会有负罪感。

这种习惯跟天性和所受的教育相关。我童年的生活并不困窘，我妈也是性格好强的人，偶尔还会赌气发出"别人有的咱也要有"的感慨。比如表姐小时候哭着喊着要一辆儿童三轮车，却没如愿。我妈听说后，暗下决心："将来一定给我孩子买。"然而，我并没有把那车当回事儿，骑了没几天就被表姐借走了，也不以为意。有没有那辆车，对我的童年而言，是无所谓的。

可是，大部分时间，妈妈会在我吃雪糕或水果的时候念叨，一根冰棍多少钱，一块西瓜多少钱，一根香蕉多少钱……不知是为了教算术还是教思想品德，总之我受到了教育。

初中时，我在街上吃午饭，那时候盒饭是两块钱一盒，而我一般只花一块五买葱花饼吃。有位大叔时常推着小车卖现烤的面包，木板上写着"中国台湾特香包"，每个1块到2块不等，个头儿跟现在西饼屋里的小面包差不多。我正是长身体的时候，饭量大，得吃两三个才能饱。家境优越的同桌早就吃厌了，可我觉得太贵，一直没舍得买。自我克制了很久，某一天跟我妈说起此事，她突然莫名心酸：想吃就买个尝尝啊，我们又没有穷到那个份儿上。可是第二天我下定决心要买时，天不遂人愿——那天，卖面包的大叔居然没有去！以后他也没再去，留下我未完成的心愿，孤零零的搁置在岁月里，耿耿于怀。

后来，在以后读大学或工作的岁月，无人做早饭的日子里只好买面包牛奶，几乎吃到厌，走进任何一家西饼屋都再没有"我好想吃"的渴望。可是，初中时的那种"中国台湾特香包"的味道，对我来说，一直是一个谜，仿佛跟其他所有的都不一样。

刚上大学时，流行买MP3和电子词典。当心心念念考虑买某种东西的时候，它就每日盘桓在你的视觉中心，似乎特别璀璨，无比重要。尤其是身边其他人都有了的时候，更容易产生"要对自己好一点"的自卑心理，等真的到手，也就安了心。但我后来又发现，以这种方式买的东西，束之高阁的时候比较多，其实没什么太大的必要。

之后，无论是名牌手袋、珠宝首饰还是新潮电子产品，我就再没产生过深切的渴望——那些没有过没享受过的东西，也许根本不适合我，我并不想要。你拥有了某种东西时，智商和尊严不会增加一点，世界不会因此而改变多少，你还是你。

这些年来，物质生活的变化的确很大，活在其中，每个人都有自己的困惑。我们所要的，最终不过是心灵的平静，就是觉得自己这样也挺好。

写下你的梦想，
然后挥洒汗水

从我写下一个个梦想的那一刻起，我已不再是消极生活的观望者，而是积极向上的行动者。

写下你的梦想，然后挥洒汗水

忙碌的生活中，你是否早已忘记了一个个曾经深藏于内心的梦想？如果你还能回忆起来，就拿笔和纸把它们悉数列出来，然后，从现在开始积极行动起来，为这些梦想付出不懈的努力吧！当你全力以赴的时候，你的生活会因此而精彩，成功之门将会随时向你敞开。

1994年，邻家大哥29岁，在一个本地的国企当工人。那时，他的生活简单而平淡，每天近乎千篇一律，不是上班下班，就是回家吃饭。然而，当单位疯传一个消息时，他的内心有了一种说不出的恐慌：消息说，他们厂子将要破产和拍卖，联系起当时下岗减员的大形势，他突然意识到，自己的饭碗可能不保了。

就在得知这消息不久前，为了给父亲治病做手术，他几乎花光了全部的储蓄。现在，他又不得不面临即将下岗的尴尬。想到自己的处境，他无法不去心焦和忧虑，存折上的余额，已经不足100元，而妻子正怀着8个月的身孕。

果然，正如大哥的所料。7个月后，他下岗离开了工作十年的厂子，父亲因病情恶化刚刚过世，儿子出生不久嗷嗷待哺。由于精神和生活的双重挤压，在他的内心深处，尽是一种深深的生活挫败感。失业的日子里，他郁郁寡欢，饱受煎熬，觉得自己一下子就被世界给无情地抛弃了。

看着他的消极，妻子感到了心疼。为了帮他减少一些负担，她把儿子送到了她妈家，然后拖着刚出月子的身子，每天在外东奔西跑，不辞劳苦地推销起了保险，也好挣点收入以养家糊口。一天，妻子在书店看到一本

《神奇大思维》的书，她读了几页之后，认为内容很适合丈夫看，便买回家送给了他，同时希望他通过看书而舒缓一些压力。

他被妻子的默默关怀感动了。当晚，他就通宵达旦读起了这本书。读着读着，忽然，有一句话跳进了他的眼帘："想一想，你死前要完成的100个梦想，然后把它们写下来。"看到这里，他忍不住合上书，拿来笔和本，异常认真地写了起来，比如：乘巨轮在大海上乘风破浪，远洋航行；走上电视荧屏，成为节目的采访对象；驾驶越野车，到青藏高原去自由旅行；坐在清华大学的教室里，亲耳聆听著名的教授讲课……

天亮了，他写下了从小至今所有的梦想，而且远远超过了100个。看着曾经想要实现的梦想，一遍又一遍。蓦然间，他觉得自己不再是灰心丧气，而是对未来充满了期待和希望。毫无疑问，这些梦想对于一个无业游民来说，似乎只是一种可望而不可即的奢想。

但他，还是拿给妻子看了。

妻子看完，兴奋地对他说："你的梦想好浪漫啊，如果这些梦想全部实现了，那么，我们的生活该会多么精彩啊！但是就目前而言，我觉得你是不是再加一个很重要的梦想，那就是尽快找到一份工作。"听了妻子的话，他便在本子上又加了一个梦想——找到一个新工作！

之后的岁月里，面对着一个个美好的梦想，他并没有视之为一时的心血来潮，而是视如珍宝般铭记心间，并开始付诸行动为之不懈地努力。而且，每当实现一个梦想时，他就会取出那个记着梦想的小本子，用笔小心翼翼地划掉它。

如今，将近20个年头过去了——

他乘远洋巨轮去了很多国家，在大海上乘风破浪的时间累计超过20个月，因为他下岗后的第一份新工作，就是找朋友介绍，在一艘远洋货轮上做了一名水手；他被电视采访也已有很多次，他记得第一次走上电视，是用当水手攒下的10万块钱开办超市的时候，作为下岗创业明星，市电视台采访了他；他在小超市发展为大商场后，拥有了一台越野车，还亲自驾驶着行程数万里，圆满了自由行在青藏高原的梦想；而在清华大学的教室里，他也已亲耳聆听过十多位知名学者精彩的演讲……

　　跟我谈及这些时，在他那夜写下的100多个梦想里，除了10多个还在努力实现中，其他的都已圆满了，包括在老家的村子里修建学校、公路、敬老院等等。最后，他还语重心长地说了这么一句话："从我写下一个个梦想的那一刻起，我已不再是消极生活的观望者，而是积极向上的行动者。如果有一天，你也列下了自己梦想的话，就不要把大好时光浪费在早晨的懒觉里，那样会让你错过一个个人生机会。"

在画布上实现自己的梦想

20岁左右的时候，初出茅庐的他指着一幅最美丽的画作呼喊："哦，上帝啊，如果我也能像这样在画布上实现自己的梦想该多好！"画的主人大声说："画布上的梦想！你一定要知道，必须经过成千上万次的练习，才有可能将你的梦想展现在画布上。要想达到卓越，只有一个方法，那就是不懈地努力。"

弗朗西斯·培根记下了这句话，后来，他成为20世纪英国唯一的一位享誉国际且具影响力的画家。

许多年前，一个小男孩儿进入了著名的哈罗公校，被插进了一个高于他年龄的班级。那里所有其他的孩子都比他多上了几年学，他的老师常常责备他的迟钝，但他所有的努力都没能使他在班级最后一名的位置上有所提升。最后，这个男孩儿开始学习其他孩子曾学过的初级课本。他把所有玩耍的时间和许多睡觉的时间都用来掌握这些书上的基本原理：他很快就在班级里名列前茅，并最终成为哈罗学校的骄傲。

那个男孩儿就是后来的英国著名语言学家威廉·琼斯爵士，他的雕像直至今天还立于圣保罗大教堂，因为他是欧洲最伟大的东方学学者。

"生意成功的秘诀是什么？"有一次，美国著名航运公司威力斯的老板科尼利厄斯·范德比尔特被一个朋友追问。"秘诀？根本就没有什么秘诀！"这位航运公司老板回答说，"你所要做的就是专注于你的生意，并且勇往直前。"

后来，那位朋友领悟，如果你想采取范德比尔特的方法，那就了解你的生意，专心致志，缩减开支，直到你的财富可以使你免于遭受商业危机。

伟人的座右铭常常能使我们稍稍了解一些他们的性格和成功的秘密。"工作！工作！工作！"是画家乔舒亚·雷诺兹爵士和戴卫·威尔基爵士以及许多其他留名青史之人的座右铭。伏尔泰的座右铭是"永远工作"。意大利雕刻家迈克尔·安吉洛是一个令人惊奇的工作狂，他甚至穿着衣服睡觉，以便一醒来就能跃起身去工作。他把一块大理石放在自己的卧室里，以便在夜里醒来或失眠的时候可以工作。他最喜欢的一件作品是一个坐在推车里的老人，老人的头上有一个沙漏，雕像上刻的字是"活到老，学到老。"即使在双目失明之后，他仍然让人用轮椅推着他去贝尔威德，亲手检查那些雕像。英国政治家科布登常说的一句话是："我工作起来就像一匹一刻也不停歇的马一样。"据说，音乐家韩德尔的工作量是普通人的十二倍。

有一次，一个女士向画家询问他成功的秘密。

"我没有秘密，女士，只是努力工作而已。"

"这是一个许多人从来都学不会的秘密，他们之所以不能成功，因为他们无法领悟这个秘密。勤劳就是将世界由丑变美、将诅咒变为祝福的精灵。"

看看巴尔扎克的经历吧。在孤独的顶楼上，他一直在贫穷和饥饿中努力并等待着，但无论是饥饿、债务、贫穷，还是挫折，都不能促使他对自己的目标有一丝一毫的动摇。即使全世界都嘲笑他，他依然能够等待。

"人们通常都希望自己能够心灵手巧，但其实更应该对勤劳心怀感激，"爱迪生说，"诸神将各种幸福定下了高昂的代价，而只有勤劳的人才能买得起。"

努力地把梦想展现在画布上，绝非一朝一夕之事。成功有时仿如一座隐形的宫殿，你看不到它的瑰丽宏伟，也不知道它坐落何方。只有当你走完了所有必经之路后，它才会真实地呈现在你的眼前。

即使只有一只翅膀，也要飞翔

在环青海湖自行车赛的赛道上，一个骑车飞逝的身影，如箭般穿梭。到达第三赛段时，由于都是陡坡，再加天空飘起小雨，他开始明显吃力。

天，渐渐暗了下来，其他人早就陆续回到宾馆，他还没到终点。

路面越来越滑，夜幕垂下来，包裹着他内心的恐惧。之所以恐惧，是因为他从来没参加过这么高强度的赛事，而且这次也不是正式队员，没有人保证他的安全。

他不能想，只能奋力蹬车，因为只有这样，他才能更接近终点。

雨越下越大，饥寒交迫的他，终于选择在路边一户人家中借宿一晚。

为了不影响其他人正常比赛，他总是提前出发，然后在终点处等所有人都通过了，他才越过终点线。可是这一次，他还没停下来，就被以"路霸"之名，请出赛道。

他不争辩，推着自行车，穿越人群。他瞬间成为焦点，而焦点中的焦点，是他只有一条腿。所有人都因为他只有一条腿却参加环青海湖自行车赛事而动容震撼，于是，他的名字开始被人铭记。

是的，19岁那年，因为一场车祸，他失去了正常行走的权利。一瞬间，所有年少的梦想都破灭，世界仿佛也在那一刻崩塌。他想自杀，为了这个计划顺利进行，他把药片放在母亲给他买的芝麻糖下面，那是他小时候最爱吃的糖。

等外面没了动静，他便开始行动。

夏天，苍蝇无处不在，食物更是它们的聚集地。他挥动手臂，它们一哄而散，只留下一只；他这次挥动手臂，它依旧没有飞走；他第三次挥动手臂，它只是挣扎，还是没有飞走。

他一股怒气从心底涌上来，暗自骂着，这找死的家伙。

可是，当他一把将它抖在地上，却发现它只有一只翅膀。

地面上，它极力挥动着翅膀，试图用一只翅膀承载所有的重量。一次，两次，三次；一小时，两小时，三小时……

他看得入迷，因为他想知道，一只翅膀的苍蝇是否能飞起来。

直到母亲喊他吃饭，他才发现，已经过去一个下午了。

后来，那只苍蝇真的没有飞起来，但它开始了爬行。一步，一步，缓慢，却坚定。就像他，走不起来了，就以车代步，生活依旧灿烂。

就在他钻出生命的黑洞，开始骑车外出办事的时候，在路上偶遇正在训练中的国家自行车队。他看到队员中有和他一样的人，于是兴奋不已，追着车队跑了三天。最终因为有队员爆胎，他终于有机会和教练说，他决心成为一名专业运动员。

第一天的训练，就让他身体透支，甚至想要放弃。可是，放弃之后呢？更不是自己想要的。于是，他咬牙，坚持，不断克服心理和身体上的局限。即使在过弯道的时候，狠狠摔了下去，身体一侧全部严重擦伤；他也只休息了两天，第三天打了消炎针，就开始正常训练。

循环往复跌倒爬起之后，他成功入选国家队，并在10年职业生涯中，参加了3届全运会等各项国内赛事，夺得了6枚金牌在内的9枚奖牌。2011年，退役。不过，他却依然和退役前一样，坚持进行自行车锻炼，以车会友。

"参加环湖赛是我的一个梦想。"

他只身一个人坐火车来到西宁，想报名参赛。可惜，并没在国际自行车联盟注册过的他，被告知没有参赛权。可来都来了，他就下定决心，把这次的所有赛段骑个遍。

第一天的西宁绕行赛，他连进全封闭赛道的机会也没有。从第二天开始，他"借赛道比赛"——借环青海湖的赛道，和自己比赛。

2013年，他以个人身份参加环青海湖自行车赛，这个一条腿骑行的山东大汉引起了很多参赛选手和媒体的注意。最终，他历时13天，成功骑完了所有赛段。所有人都为他露出微笑，响起掌声，他也由此荣获"残疾人体育精神奖"。

他就是王永海。

寒风中的青海湖畔依旧美丽，王永海的故事更让它充满传奇。他在此完成了梦想，证明了自己，也让我们再次相信了坚持。而说到坚持，他摇摇头，告诉记者："每一段人生故事里，都会有一百个死心的瞬间，有一百个想要放弃的瞬间，有一百个被刺痛的瞬间，有一百个强忍不哭的瞬间，但都抵不过几千几万次想要拥抱明天的瞬间。每个生命都不容易，但路有多艰难，就有多灿烂。"

是的，流转经年里，每一朵花都会遭遇风雨与霹雳，每一株草都要历经黑暗与阴霾，而我们每一个人也都会面临种种的磨难与考验，甚至是不公平的先天性的残缺，可是，只要我们花开的心不败，以昂首向上的姿态，诠释内心的光芒与力量时，那么，所有那些曾经的苦难与隐忍，都会镌刻成为生命中一道独特的风景线，温暖并荣耀一生。

没有了退路，才能找到新路

　　谁都不可否认，人在本质上都是眷恋舒适平稳，喜欢懒散闲逸的。但若要让自己的人生有所突破，有所成功，就必须给自己更大的压力，逼自己尽最大的努力。这时，选择自断退路确实是一个绝好的方式。

　　著名武侠小说作家金庸有一次接受记者采访时谈到，他的许多作品是被"逼"出来的。记者细问究竟，金庸才说了自己主动被"逼"自断退路的事。原来，他在写作《连城诀》时，一度产生了厌倦懈怠的心理，有时一天也写不出1000字。他觉得这样不行，于是就主动与报社签订了连载的合同，合同规定他每天必须得完成多少字，违约就得赔偿。这样一"逼"，他只好控制了自己的心理，让自己静了下来，全身心地投入写作中，每天以5000字的速度抢写，最后竟提前完成了小说。后来，他在写作其他小说时也这样与报社签约后再写，不断尝到了给自己断退路后的丰硕成果。

　　另外一个世界级的法国大作家雨果也曾这样自断退路。1830年，雨果和一家出版商签订了合约，半年内要写出一部长篇小说出版。出身贵族的雨果有着广泛的社交圈，常常要去参加各种宴会晚会等活动。后来，他觉得这样下去太影响写作了，于是想了一个绝招：把身上所穿的内衣和毛衣以外的其他华贵衣物全部锁在柜子里，然后把钥匙丢进了小湖的深处！这样，由于根本拿不到外出要穿的衣服，逼得他彻底断了外出会友和游玩的念头，埋头写作，除了吃饭与睡觉，从不离开书桌，结果作品提前两周就完成了。这部仅用5个月时间就完成的作品，就是后来成为世界文学经典的巨著《巴黎圣母院》。

　　其实，自断退路的事在古代屡见不鲜。最典型的当属秦朝末年楚霸王项羽与秦将章邯决战时的"破釜沉舟"之举：他让士兵将渡河的船沉入河里，将吃饭的大锅也砸烂了，表示出不战胜敌人就不回去的决心，最后以少胜多，大败章邯。不久，与赵国交战的韩信也运用了类似的方式，来了一个"背水一战"，将军队背河布阵，让士兵断绝了回去的想法，绝地反击，同样取得了大获全胜的结果。由此可见，古人所说的"陷之死地而后生，置之亡地而后存"的话确实是至理箴言。

古希腊著名演说家戴摩西尼年轻时，为了锻炼自己的演说能力，经常躲在一个地下室里练习发音以及演说技巧。20多岁正是爱玩的时候，他由于耐不住寂寞，练一会儿就想出去溜达一下，心里总也静不下来，所以练习的效果不佳。为了控制自己，他一狠心，亲自动手把自己的头发剃去一半，变成一个怪模怪样的"阴阳头"。这样一来，因为发型怪异让他羞于见人，只好彻底打消了出去玩的念头，专心练习。就这样一连数月，他足不出户，天天苦练，演讲水平突飞猛进，后来终于成为著名的演说大家。

自断退路，当然显示了决心之大、信心之强。而有时，别人对你的一逼、一压，尽管并非你所愿，却往往在客观上断了你的退路，同样起着极大的激励作用。

20世纪三四十年代，美国有一个作曲家乔治·格什温，他刚刚小有名气时，从来没有写过交响曲。有一次，美国最著名的斯坎德爵士乐团的著名指挥家非常欣赏他的才华，盛情地邀请他为交响乐团写一部交响曲。格什温虽然深受感动，可是由于他对交响乐一窍不通，怕写不好丢面子，就一口拒绝了。指挥家一再劝他写，他仍执意不肯。这位指挥家见他如此固执，也来了固执的劲儿，竟然不经格什温的允许在报纸上刊登了一则广告，说20天后音乐厅将上演格什温的最新作品——交响乐《蓝色狂想曲》！这份报纸发行量非常大，一下子让满世界都知道了消息。不知就里的格什温看到报纸上的广告大惊失色，慌忙来质问指挥家为什么让他难堪出丑。

指挥家微笑着对他说："反正这件事全城人都知道了，你就看着办吧。"

格什温见事已至此，只好硬着头皮将自己关在屋子里，开始了人生

第一部交响乐的创作。这一逼不要紧，他硬是用两周的时间完成了交响乐《蓝色狂想曲》。他自己也未料到，首场演出竟大获成功，格什温的名气也迅速传遍美国，后来一跃成为美国好莱坞最著名的作曲家。

无独有偶，与格什温同时代的美国钢琴演奏家、后来被称为"抒情爵士歌王"的黑人男中音歌手纳京高的成功也是被别人"逼"出来的。那时，他还是一名年轻无名的钢琴演奏员，以在酒吧演奏为业。由于他的琴艺不错，有许多客人慕名而来。一天晚上他正在演奏，突然有一个客人别出心裁，要求他不要再弹琴，就想听他唱一首歌。他一再说："我不会唱歌。"可是，这个客人的"无理"要求却得到了其他客人的起哄支持！他有些腼腆而恐惧地一再解释说："我从小就学习钢琴，从来没有学过唱歌，恐怕会唱得很难听。"但没有人听他解释。酒吧老板知道后，只对纳京高说了一句话："如果你不想失业的话，就唱一首歌。"

无奈之下，纳京高红着脸怯生生地唱了一首《蒙娜丽莎》。不料，歌声一起，居然赢得了满堂喝彩！从此，他开始一边演奏一边歌唱。后来，他唱歌的名声远远超过了钢琴演奏，成为风靡全球的"爵士歌王"。

想来，纳京高真得感谢那个客人和老板，如果没有他们死命地一"逼"，他还会有今天如此辉煌的成就吗？

一个人要想成就一番事业，就必须心无旁骛、全神贯注地追求自己的目标。而人性是有天生的弱点的。当我们难于驾驭自己的惰性和欲望，不能专心致志地前行时，不妨斩断退路，逼着自己全力以赴地寻找出路。事实证明：不论是自断退路，还是他断退路，只要是断了退路，不留退路，就更容易找到出路，就更可能获得成功。

缺陷也会长出飞翔的翅膀

他的妈妈一共生下过19个孩子，可是，只成活了9个。他排行倒数第二，有幸成为成活的9兄妹之一。不过，他一生下来就有先天缺陷：左脸瘫痪，左耳失聪。说话和微笑的时候，他的嘴就会歪向一边。母亲带着他四处求医，可是，没有丝毫效果。母亲为此常常暗中落泪。

他带着这些先天性的不足，一天天地长大。童年的时候，伙伴们常常嘲笑他，骂他是歪嘴儿。他不服，便与骂他的同伴打架。他出手狠，并且永不服输。伙伴们怕他，不敢再骂他了。没有人骂他，他的心里反而自卑起来。由于嘴歪，他说话呜啦呜啦、吞吞吐吐的，让人听不清楚。为了能说出像常人一样标准的话语，他经常在嘴里含一块石子，并用舌头搅动口中的石子，以至于舌头被磨破，口腔被磨烂，流出了鲜红的血。母亲看不过去，含着眼泪对他说："儿子，你不要再练了，以后，你要是找不到工作，妈养你一辈子。"他不。他说："我要给缺陷插上腾飞的翅膀，成为别人羡慕的光环。"他做到了。中学毕业时，他不仅能说一口清楚的话语，而且以优异的成绩考上了加拿大拉瓦尔大学法律系，并获得法律博士学位。随后，他当选为国会议员，担任外贸部长、财政部部长、能源部部长等显赫职务。

1993年，他参加了加拿大总理选举。当然，竞选加拿大的最高行政长官是要把自己最优秀的一面展现给支持他的选民。其中，演讲必不可少。由于他的先天性缺陷，他演讲的语速很慢，很难做一次激情豪迈令人热血沸腾的演讲。他的竞选团队为他设计了许多演讲方案。可是，他试了试，都效果不佳。他认为，缺陷是回避不了的，要想赢得竞选，就必须利用自己的缺陷，给缺陷插上腾飞的翅膀，赢得选民的同情、理解和支持。经过思考，他拿出了一个适合自己的演讲风格。这种风格虽然不激情豪迈，虽然不能令人热血沸腾奋发向上，但是，这种风格语速较慢，吐字清楚，幽默风趣，妙语连珠，给人一种踏实而又不失领导风范的感觉。事实证明，他的这种风格是对的。他幽默风趣的演讲赢得了选民的认可，支持率大幅度提升。

竞选是残酷的。他的每一个缺点都被对手用放大镜放大，摆在选民的面前。对手设计了这样一个广告：在他的歪嘴儿形象旁边写上"你们会选这样的人来当你们的总理吗？"的话，在电视等各大媒体上大肆宣传。对此，他没有回避，而是把自己童年的照片和成长经历编辑成一个短片，交给了电视台和其他媒体。他的童年遭遇和坚强不屈的性格赢得了选民的同情和支持，而对于对手利用他的缺陷对他进行人身攻击的行为表示愤慨。在这次媒体大战中，他利用自己的缺陷把对手打败，支持率直线上升。

在选民参加的市政答辩时，对手在答辩中，再次利用他的缺陷向他发出挑战。对手激情澎湃地对选民说："大家看，你们所支持的总理候选人用一边嘴儿说话。请问，这样向一边倒的人在处理国家事务的时候，如何能保持公正性？"他听了，没有生气，而是微笑着说："我用一边嘴儿说话，这表示我对国家、对人民一心一意，鞠躬尽瘁。不像我身边的总理候选人用两边嘴儿说话。用两边嘴说话的人在处理国家事务的时候最危险，因为，他有两边嘴儿，他会见人说人话，见鬼说鬼话。你们会支持这样的人当总理吗？"他的幽默风趣再次赢得了选民的阵阵掌声。

他利用自己的缺陷，毫无悬念地登上了加拿大总理宝座，并且获得了连任，一干就是十年。在他执政的10年里，他坚持实践自己的竞选誓言，一心一意为国家服务。他消除了加拿大420亿加元的财政赤字，实现了国家收支平衡，成为西方八国中唯一没有财政赤字的国家。国内经济复苏，失业率下降，国民福利上升，青少年犯罪降低。特别是在伊拉克战争爆发后，他顶住了美国的压力，没有向多国部队派兵，而是在战争后向伊拉克提供了资金援助。这一策略，不仅为加拿大国内经济发展提供了空间，而且也赢得了国际认可。

他的名字叫让·克雷蒂安——一位普通的工人家庭的孩子，一位有先天性缺陷的人。他利用自己的缺陷打败了对手，赢得了竞选，也赢得了人生。

先天性的丑陋、残疾并不重要，重要的是要正视自己的缺陷，利用自己的缺陷，给缺陷插上腾飞的翅膀。这样，你就会从丑小鸭变成白天鹅，一飞冲天！

"敲不死"保安的华丽转身

2011年7月，从洛阳师范学院毕业，怀揣计算机和工商管理双学位证书，段小磊开始北漂。那时，他想成为像乔布斯那样的终极产品经理。然而，来到北京后，由于没有名校背景，又没有任何实际工作经验，他先后到过七八个公司应聘与计算机相关的工作，均未成功。

一个多月过去了，所带的钱也所剩无几，躺在出租屋里，段小磊百感交集。在学校里，他曾是令人羡慕的高才生，可是到了社会，却被如此轻视，巨大的心理落差让段小磊想哭。但是，哭不是段小磊的性格。第二天一早，他再次在出租屋旁的报亭买了最新的早报，希望能在上面找到一家要求不太高的IT企业，可那些招聘信息仍旧要求："一年以上工作经历""能力强""经验丰富"……过去每次应聘，他都栽在这些字眼上。

正当段小磊即将失去方向的时候，他无意中在报纸的副刊栏上读到一篇文章《做好看得见的事情》。

文章说：有5个复旦大学毕业生，合资注册了一家公司。通过市场调查，他们发现，在复旦这所两万人的学府里，每天课堂笔记的复印量非常巨大。于是，他们主动到各个班级和宿舍，进行上门服务，把学生们需要复印的笔记统一收集起来，然后包给多家文印店复印，从中赚取了十分可观的差价。经过几个月资金积累后，他们自购复印设备，雇人自行打印和复印，后来，又涉足教学辅导书业务。短短两年，他们的公司从最初5人发展到如今员工200多人，资产高达500万元。

文章最后说："这些毕业生的成功之处就在于，脚踏实地地做好看得见的事情，决不好高骛远。"这句话使段小磊即将灰暗的心突然一亮，这次他关注的不再是那些IT企业，而是简单的劳动行业。最终他选中了一家保安公司，因为该公司的招聘信息中提到"经培训后，新聘保安人员将派往IT公司"。

8月24日，段小磊正式成为一名保安，被派往腾讯北京分公司20层担任前台保安。在这个岗位上，他没有因为工作缺乏技术含量就敷衍了事，而是尽心尽力。

在踏踏实实做好保安的同时，段小磊并没有放松学习。工作间隙，他一直在认真阅读计算机方面的书籍，而且还"近水楼台先得月"，遇到不懂的问题，就主动向楼层里的IT精英请教。既勤快又好学的他，很快就成为20层的"名人"，大家都把他当"哥们儿"。

2012年2月，腾讯研究院急需一批外聘员工，在20层工作的负责人Hidi很自然地就想到了段小磊，就半开玩笑地问："你要不要来帮我们做数据标注的外包工作？"尽管这只是一份基础性的工作，但毕竟是一次进入IT业的机会，为了将来能够成为"乔布斯"，段小磊当然不会轻易放弃。于是，他辞掉保安工作，参加腾讯面试。有了这半年多坚持的自我学习，段小磊的计算机知识已经有了质的飞跃，他一路过关斩将，并顺利通过层层测试，应聘成功，实现了一个小保安向IT白领的华丽转身。

在IT岗位上，他依然坚持从最容易上手的基础性工作做起，协助Hidi负责一些数据整理和数据运营工作，边干边学。他说："我知道自己会的东西还很少，还有很多东西都需要学习。"

如今，段小磊的故事已经引起腾讯CEO马化腾的高度关注，可以预见，段小磊的职场生涯必将前途似锦。是的，要想成为"乔布斯"，首先就得是"敲不死"。因为，只有那些扛住命运"敲打"的人，才能最终成为职场的胜者、生活的强者。

没有一个草根不梦想春天

他的高中整整读了7年，却只拼进云南一所二流大学。他的大学刚刚上了1年，却选择辍学自谋生计。对此，老师、同学们评价"不靠谱"，父亲恨铁不成钢扬言断绝父子关系。可就是这样一位喜欢白日做梦的"屌丝代言人"，一无人脉二无资金，却在6年间打造了一家营业收入过1亿元的在线培训机构，他就是激励无数草根梦想春天的草根明星——邢帅。

大二那年，邢帅23岁，捧着家里寄来的沉甸甸的8000元学费，他心里五味杂陈。一方面他深知乡下的父母筹钱多么艰辛，他想早一点投身社会为家里减轻负担；另一方面他责备自己太笨，课余时间去打工发传单却晕乎乎地发到城管手里，钱没挣到一分反而被罚款；更重要的是学计算机专业的他，那一段时间迷上了平面设计，面对学校按部就班的课程表以及日益严峻的就业形势，他常常唏嘘自己看不懂未来。

思前想后，邢帅决定辍学。他将家人寄来的大学学费挪去配了一台电脑，花大价钱参加了一个培训班，集中学习利用photoshop软件设计，然后在学校附近租了一间便宜的小房子。因为学费昂贵，邢帅学得十分用心，很快就能熟练操作，并独立完成一些设计任务。尽管网络上的设计任务比较零散，赚取的佣金也不多，但邢帅心里非常高兴，因为那是一份充分发挥才智的自由职业。

然而好景不长，2008年的经济危机来势凶猛，几乎吞噬了邢帅全部的业务订单。没有了收入来源，房东又三番五次催着交租，令他不得不走出门外，四处去寻找设计室应聘。遗憾的是，曾经引以为傲的软件操作技能在招聘方眼中根本算不得敲门砖，应聘队伍中比他有才华有资历的设计人比比皆是，无论他怎样降低薪资，就是没有一家单位愿意录用他。

回到出租屋，邢帅心情十分沮丧，他仔细清点了自己的资产。除了电脑运转正常和身体健康外，钱包里的现金及银行卡上余额合计已不足50元。怎么办？难道真的要厚着脸皮回乡寻求父母庇护？

这时候，平面设计爱好者QQ群里一个朋友发来求助信息，向邢帅咨询一些photoshop软件的操作技巧。耐心讲完以后，他半开玩笑地对那位朋友说："眼下处境艰难，作为这次辅导的报酬，需打50块钱过来买水买方便面。"没想到那位朋友挺仗义，立即给他银行卡里转了50元。看着手机信息中的这一笔额外收入，邢帅瞬间点燃了胸中酝酿多时的一个梦想：筹办一个专门针对草根用户的实惠培训班，以他对photoshop软件的认知，用热情和耐心去传道、解惑，帮助更多的人学会一技之长，彼此都获得继续前进的力量。

说干就干，他立即找来参加培训时记录的笔记本，结合实际操作软件的重难点，整理出一份浅显易懂的讲义，并在QQ群、论坛和贴吧里轰炸式地发布招生广告，很快就招到了第一批学员。最开始邢帅每堂课只收10元，差不多是市场价的五分之一，并且他实行终身学习制。然而他有浓重的山东口音，学员们听不懂就直接开骂，令邢帅备受打击。为此，他每天留出一个小时来锻炼普通话，以及上课时的动作和神态。可是不久，学员们又嫌他不够活泼、不够幽默，于是他专门背诵了一些幽默段子整理进讲义，渐渐地摸索出邢氏脱口秀。还有很多学员进班时迷茫而忧伤，当学到一定阶段之后信心过度膨胀，邢帅又随时担负起心理辅导员的重任。

在他起步的一年里，邢帅除了买书和去图书馆查阅资料偶尔上街外，他完全放弃了所有的节假日，完全忘记了自己处于恋爱的年纪。他整天宅在出租房里，早上醒来就打开视频，从8点讲课到晚上12点。下课后他坚持备课，常常看书到凌晨四五点钟，囫囵休息两三个小时又继续上课。这样一年下来，尽管邢帅仅收入3万多元，但他开阔了视野，赢得一个好口碑，摸索出网络培训与传统教育、线下培训的截然不同，还找到了自己的第一个合伙人，合作组建了一个10多人的创始团队，开始进驻YY语音频道。

2009年10月，邢帅正式建立网络教育学院，课程也从最早的软件培训扩展到影视后期制作、平面设计、插画、网络营销等方方面面，用户群锁定在工作一到两年需要提升自己的年轻人，以及刚刚从农村到大城市谋生的草根人群。接地气的授课方式、因材施教的技能培训、全天候的即时交流，令网络教育学院满足了许许多多草根青年渴望改变人生的愿望。从某种程度而言，邢帅所创办的网络教育学院卖的是一种励志服务。

2013年末，数载不懈耕耘，邢帅的网络教育学院发展到超过600名教师，付费学生超过15万名，营业收入超过1亿元，当初不看好儿子的父亲，终于亲自打电话对他说："你的课讲得很好，你出息了。"

有人问他："为什么你能坚持下来实现草根逆袭？"邢帅说道："没有一个草根不梦想春天，只要心中有梦，只要坚持不断提升自己，前方的路虽然不是每一条都能抵达罗马，但一定通往春天。"

你选梦想，还是面包

"小姐，不是我无理取闹，但我的不幸，唉，都算是你造成的。"

演讲会后，一位少妇走过来，对我这么说。一时之间，我有些恍惚……不会吧，我跟她的不幸有什么关系呢？怔怔了几秒钟后，我开始怀疑眼前这个模样端庄的少妇精神上有问题。但是，除了眉宇之间的淡淡愁容之外，怎么看都觉得她的眼神都与常人无异。

"你的不幸与我有什么关系呢？"我决定问到底。

"是这样的，我先生是你的读者，他……本来是上班族，忽然有一天，他辞了职，说他要追求自己的梦想，要跟你一样，去做自己想做的事，追求自己的人生。"

"结果呢？"

她说："到现在为止，他已经失业两年了，本来还积极开发自己的兴趣，会去上摄影、素描课程等，后来也没看他上出什么心得、培养出什么专长来，也看不出他的梦想到底在哪里。现在，我只看见他每天上网和网友聊天，约喝下午茶，唱KTV，动不动混到三更半夜……家里的开销只靠我支撑。我也是个明理的人，怕一说他，伤了他大男人的自尊心，或者成为阻碍他梦想的杀手。我想，他这样下去，只能跟社会与家人之间脱节得愈严重，我该怎么办？"说完，她又重重地叹了一口气。

她的困境还真棘手，在她叹气的一刹那，沉重的罪恶感压在我身上。我想，我不是完全没错。

我常在签名时写上"有梦就追"四个字。对我来说，有梦就追，及时去追，是我的生活态度。我总希望，在人生有限的时光中，我们的缺憾可以少一点，成就感和幸福感可以多一点。错只错在我对"有梦就追"这几个字，解释得不够多。"有梦就追"，在实行上有它的复杂性，特别是在梦想与面包冲突的时候。

当我们看到一个人真心追求自己的梦想，愿意少赚点钱，多折点腰，我们也都有佩服之情。我认识几个很会画画的朋友，本来在待遇不错的报社、广告公司工作，后来都决定离开上班族的轨道，回去当画家。这时，我绝不会用"画画是不能当饭吃的"来泼他们冷水，而是祝福他们："有梦就追。"事实证明，他们都能用自己的天分画出一番天地来。

我不认为梦想与面包一定相违背，本来只想追求梦想，但后来以梦想赢得面包的人，大有人在。

当然，有时候我们是在和现实赌博，总还得靠点运气。运气不好的，可能像梵·高，生前连一张画都卖不掉，忧郁而终。

其实，梵·高不算是运气不好的。他好歹还有身后名，而且是响响亮亮的身后名，这可不是每个艺术创作者都能享有的好牌位。还有数不清的画家，一样用了一辈子力气来画画，生前潦倒，死后也没在艺术史上占个小位子，甚至连名字都被彻底地遗忘。

追梦的本身是个赌博，但也不是单纯的赌博。你的才华愈高、想法愈周全、技术愈无懈可击、经验愈丰富、付出的努力愈多，或者人缘愈好，赢的概率就愈大。

值不值得，就只有自己能判断了。赢了，通常还得感激许多懂得赏识自己的人；输了，则没有任何理由可以怨天尤人。无论如何，我肯定人们追求梦想的决心，因为我们这一辈子，总该做些自己觉得值得的事，尽管旁人也许会发出一些名为"关心"的杂音来阻碍追梦者的脚步，但自己的人生总得自己负责。问题在于，到底你追寻的是梦想，是理想，还是白日梦？

我不是没有泼过别人冷水，因为每个人情况不同。

"你认为我应该辞职做个专业作家吗？"曾有位银行职员这么问我，"我想在家里写写稿子就好，印书就好像在印钞票，比我现在在银行当过路财神好。"

"你立志从事写作多少年？开始写了吗？"我问。

"我现在太忙了，我打算辞职后再开始写。"他说，"我以前作文写得还不错，被老师称赞过。"

"我想，你最好考虑考虑。"我忍不住说了，"因为，现实不像你想象得这么简单。"我钦佩那些"肯定自己的梦想后决定辞职"的追梦人，却很怕那些"辞了职才想试探自己的梦想"的妄想者。后者因为想得太简单、做事太草率，实现梦想的可能性实在太小了。

其实，那位转任摄影师还算成功的电子新贵，在他每年领巨额红利时，摄影作品早有独特风格。变成画家的朋友，在当上班族时，本来就画得一手好画。

成功开设咖啡厅或餐厅的转业者，也都不是在开店前才学经营须知、才上烹饪班恶补的。他们早已花了经年累月的时间去考察和尝试，像神农氏尝百草一样兢兢业业。没有任何成功追求梦想的人，是在"一念之间"成功的。

一念之间以前，不知已经累积了多少智慧与能力。多数人一下班回家，在看电视、睡觉、打电话聊天的时候，这些真正的追梦人为了日后有源头活水喝，还在花力气为自己掘井呢。我们只算计到他成功后可以得到多少面包，却粗心地忽略了他们滴下的汗水。

追梦是一种过程，也是一种必须逐渐建立的生活习惯。谁说你要放弃一切才能追梦？也别再怨梦想与面包两相碍，其实，阻碍你追求梦想的，不是你手头食之无味、弃之可惜的面包，而是自己的惰性。

你想要的生活，并不是空想得来的

[1]

"你大学里的志愿是你父母选的，你大学里的课程是你挑容易过的选的，那你凭什么要过上你想要的生活？"

这句说给每个年轻人的话，瞬间点燃了我。

我们总觉得做自己喜欢做的事才是正经事，但是什么是自己喜欢的事，恐怕没有多少人能说清楚。比如我自己，一直觉得工作以外的个人爱好就是自己内心的声音，做得蒸蒸日上。可是工作呢？一直以来都自认为不是内心想做的事情，可是内心想做什么呢？

其实对于很多人来讲，那些真实的内心声音大体上都是想坐享其成、不劳而获的，比如希望有一大笔钱可以去环游世界，但一提先努力工作，受人气挨人骂去赚钱，就觉得这不是自己想要的生活，自己的一腔梦想被社会的大熔炉烧得灰飞烟灭了。

加上媒体过分地宣传一些国外思潮，以及一些成功人士在成功后说出的名言警句，我们的内心开始躁动，越发找不着北了。

于是，我们动不动就辞职旅行，动不动就盯着钱换工作，动不动就找同僚商量一下赚钱快的小动作，而很少有人在自己专业的方向上埋头好好往心里学点东西，也很少有人想着把自己变成一个在工作上很专业的人。

社会浮华，物欲横流，每天上班的事儿能推就能挡就挡，下班吃饭看电视睡觉，然后脑子里想着社会怎么难混，工资怎么不涨……

可是每当看到很"牛"的前辈在前方闪闪发光的时候，每次看到前辈的PPT逻辑写得让人惊艳的时候，看到领导不管讲什么都能滔滔不绝的时

· 152 ·

候，立刻就觉得领导太强了，自己弱爆了。所以当前辈们用很长的年假去那些自己也很想去的地方晒太阳享受生活的时候，自己的内心又会生出好多的羡慕和矛盾。

[2]

其实我们都知道，不迎着困难往前走，前辈的现在无论如何也成不了我们的未来，只是内心变得不那么勇敢。

我们下意识地逃避现实，幻想自己能像《奋斗》里的人一样，不用担心钱，有房有车有男人有妞儿还有个乌托邦，于是我们诉苦、辞职，觉得这个世界不是我们内心想要的样子。

折腾几次之后，我们会发现这个现实又把自己甩到了更靠后的地方去了。

如果我们大学里的志愿是父母选的，如果我们大学里的课程是挑容易过的选的，那我们又凭什么要过上自己想要的生活呢？

如果我们依然不愿在一个每天需要消耗8个多小时的地方让自己成为一个很"牛"的人的话，那我们内心的那些爱好，心底的那些梦想，生来的些许天赋，也许真的会终老一生了。

想为自己的内心做点事吗？从明天早晨上班不迟到开始！

与理想死磕，终究赢得理想

上初一的时候，有个同学跟我玩得最好，我们每天一块疯。一天我去他家，看到卧室墙上贴着张纸，写着我们班成绩排名，我第三，他第十几，一个箭头从他名字出发，画了条弧线然后对准了我，我当时太过幼小，对此没有任何反应。一个学期后某天，班主任宣布我这个同学考了全年级五个班总分第一。那个瞬间对我的震撼是空前的，我被一块玩的哥们直接击倒，而且站到一个我望尘莫及的位置。虽然后来他又下来了，但从此"在我心里越发高大起来"。

我还有个同学，也玩得不错，初中全混过去了，考高中才考一百多分，他在我们那个小城没任何背景，他一直硬着头皮挣扎，除了不参加黑社会，其他活全干过，重体力工人，开录像厅，搞传销，给老板开车，拉我一块批发黄片差点被逮住，骑摩托车摔破头没钱包扎，用传销的产品糊到头上。后来帮人办证，再后来，办修车行，办驾校，买车，买房子，再买房子。现在想起来他的苦日子，我还能想起《英雄本色》里的小马哥，那个小城根本配不上他。

还有一个同学，只对数理化感兴趣，小宇宙十分强大，高中把大学的课都自学完了，就是不学政治之类，没考上大学，上了本地一个专科，两年后专升本，两年后上研究生，又三年成理论物理博士，现在快当教授了。

大学时，有个哥们在我们班旁听过，说一口听不懂的方言，毕业后我们各有去处，也不知他在哪里晃荡，一天在北京见他，成了推销员，正在推销奶糖，还让我吃了两颗，然后又没了消息。再过几年，有人说，他后来推销户外广告发了财，开着宝马做生意。

不用再举更多例子了，他们肯定也存在于你的身边。当我一天一天地过日子，我的这些同学，每天都在跟自己死磕。我也常励志，设想如果天天跟自己较劲，肯定能做出很多事，这些事做出来一样能改变中国当代史。但是，在我的人生道路上，遍地都是烂尾楼，因为总不愿把自己置之死地，让自己舒服不是人生理想，却是每天的第一任务，找各种变态的理由灌输给自己，其实心里为根本不去做而自卑。也由此，作为听天由命的人，我对各种特想不开的死磕型人才敬重有加。

我喜欢所有跟梦想死磕的人，这个国度需要评论转发型人才，而埋头死磕型更值得关注，因为他们更有价值。无论是跟政府、时代还是跟命运、自己死磕，只要付出了难以想象的努力，都可称得上有英雄气概。

真正想做的人，
不会说太多

当我们说：我想怎样怎样？的时候，其实并不是真的想，而是想让别人看起来我们仍有雄心壮志。

真正想做的人，不会说太多

周六晚上回南京，在候车大厅看到一队自行车爱好者，穿着专业的衣裤鞋子，拎着自行车前轮，有说有笑，浩浩荡荡。

上了高铁后我和其中的一个女孩子攀谈，原来他们是从南京骑到镇江，然后坐火车返回。这只是他们周末的一个小旅行，他们还去过山东、河南、浙江、安徽。

我看着姑娘晒出斑点的脸颊和稍显壮硕的大腿，觉得羡慕，发出了"哇，你们好厉害，真是羡慕"的感叹。姑娘笑笑说："这有什么难的？你也可以！"

我说："我没有自行车。"她指指另一个高个子男孩说："你看他，大伟，他也没钱买车，都是借别人的车骑。""啊？这样也行？"她笑了："为什么不行！我们每次骑行不是所有人都会去，他就借那些不去的人的车。一辆好车几千块钱，他还是个大学生，正自己偷偷攒钱呢！""我没经过专业的训练，坚持不下来！""我们今天出发的时候是二十几个人，中途有几个坐巴士回去了。坚持骑到镇江的有十几个，还有几个骑行回南京，觉得体力不够的就坐火车。现在公路交通很方便，坚持不住就坐车回去呗。"听她这么一说，我似乎再也找不到任何借口。

我突然想起我的一个大学室友。一天她在一本旅游杂志上看到了一张照片，是一个女画家在巴黎街道边的小咖啡馆里给路人画肖像的工作照，喜欢得不得了，剪下来贴在床头，每天都和我说她要去法国当画家。我们当然都笑她做梦，并不断告诉她，那些她比我们更清楚的事实：你父母是工薪阶层，出国要花很多钱，况且你根本没有画画基础，法语也很难学，就算去了法国也不一定能留在那里，搞不好还是要回来……她不理会我们，在我们都为拍摄毕业作品忙得不可开交的时候，她报名学法语。

有一次我和她在图书馆熬通宵，我写分镜头，她在啃法语书。我熬得两眼发直，一抬头看到对面的她：左手边是一个大大的书包，高中生才会用的那种双肩背包，右手边是一个从学校跳蚤市场上淘来的电子词典，面前堆着两三本法语书，一边念念有词一边写写画画。那一刻我被她感动得一塌糊涂，觉得她一定会成功。

去年她赶回来参加我的婚礼，并送给我一幅她画的画。席间我们出来吹风，她头发烫成了大波浪，指间夹着一支长长的女士香烟，一点都看不出当年书海里啃字典的小女生模样。她说："你记不记得有一次我们两个在图书馆熬夜啃书？我觉得你认真画分镜头的样子真好看，我差点动摇，想留下来和你们混中国的影视圈，哈哈！幸亏……"我接下去："幸亏你坚持住了！"

她现在是一名摄影师，偶尔也在广场上给人画肖像，她说欧洲经济不景气准备回国，她说她还是没学会小舌音，她说你们都结婚了就我还混呢……临走前我们俩都哭了，她说她很想回来。而我知道，她不会真的回来，因为，如果她真的想回来，一定会订一张机票，就和当年她二话不说，到处借钱去报法语班一样。她的人生已经和我们不同。

我们总是一边抱怨生活的无聊一边羡慕那些行动者，一天当中做出的最大的努力就是思考中午该吃西红柿炒蛋盖饭，还是炒米线，而每到夜深人静时扪心自问，又懊恼得恨不得去撞墙，并且咬牙发狠明天一定要怎样怎样。

当我们说"我想怎样怎样"的时候，其实并不是真的想，而是想让别人看起来我们仍有雄心壮志。真正想怎样的人，他们总是什么都不说，一扭头找人借辆自行车，骑着就走了。

人生低谷是最好的上升期

我的部门主管是一个特别乐观的人，可是让人奇怪的是，她常挂在嘴边的口头禅不是"加油，你会很棒"这类的话，而是一句自问自答"还有什么比现在更糟糕的吗？没有。"

如果你认为她是个消极的人，并因此而变得消沉，那么你很快就能领略到什么叫作河东狮吼。因为她的画外音，并不是消极地告诉我们，现在太糟糕了，我也无能为力了，而是在说："现在已经是最糟糕的情况了，所以你们不管做什么都伤害不到我，也伤害不到公司了，你们就尽情去做吧，那样才有翻盘的可能！"

或者每次都怀着这样的心情，所以哪怕真的进入绝境，我们也并不是真的绝望，而是在困难时有敢于尝试的勇气。这种"死马当成活马医"的乐观主义精神，最后让我们部门成了公司盈利最多的部门。

人们常说，如果你还没有长大，那么你一定没有经历痛彻心扉的磨难。只有人生到了谷底，才会拼命想要向上爬，在这个过程中，你会不断地锻炼自己，积蓄能量，完成一次凤凰涅槃。

公司新来的同事兰，个子高挑，样貌姣好，原本以为这样的女子会是家里的娇娇女，必是不大好相处的。没想到兰的性格超好，笑的时候还会露出两个浅浅的梨涡，关键是她不仅性格讨喜，工作起来也是样样精通，让我们这些早就进入公司的前辈，在她面前也十分汗颜。

后来，一次偶然的机会知晓了她的故事，我才知道这个女孩原来是涅槃之后的凤凰。

在18岁之前，兰的家境确实不错，父母在当地开了一家水果连锁店，生意兴隆，衣食无忧，兰也过着富二代的奢侈生活。

18岁那年，父亲在一次送货的途中发生了意外，愕然离世。家里的顶梁柱塌了，水果连锁店也关了门，本以为可以靠家里的积蓄撑一段时间，母亲又因为伤心过度得了病，把积蓄消耗殆尽。身为长女的兰不得不放弃了大一的学业，出来工作。

她独自一人来到了北京，刚到北京的时候，她觉得自己虽然算不上是个大学生，但好歹也读过高中，找一个销售的工作应该没有问题。然而事实却让她大受打击，北京到处都是高学历有经验的人，青涩的她，在偌大的北京想要立稳脚跟谈何容易。在找了半个月工作无果之后，兰失去了刚来北京时挑三拣四的心，在朋友的介绍下成了一家饭店的服务员。

她当时在后厨帮忙，夏天的后厨简直就是蒸笼，每天泡在"蒸笼"里的兰也成了水煮鸭，身上总是湿漉漉的。从早上五点到下午六点，不停地端菜、拖地，有时还要早起负责工作人员的早餐，一天下来连说话的力气都没有了。

兰也常常想要放弃，但是自己既没有文化又没有技术，想要跳槽几乎是不可能的，于是就这样干了下去。

她就这样屈服了吗？当然，不。

她还报考了一些培训班，她把自己的时间填得满满当当，周一到周三学习日语，周三到周五学习计算机，周六日，她会跑到培训中心学习自考课程。当然，课程学完了，她便会报考其他的课程，总之她一直在忙。

就这样，在三年的时间里，她学会了日语、法语、韩语三种小语种，能够熟练使用计算机，成功完成了自考专科的学习，并正在学习北京大学的自考课程，她的工作也由饭店的服务员变成了图书公司的编辑。在低谷的三年，她学习的东西，比大学要学习的东西多得多，那些急速生长的迫切感是人生低谷给予她的。

每个人都有一段不堪回首的时期，看上去毫无希望，并可能继续沉沦下去。在这个时候，如果你放弃挣扎，就开始了一段自欺欺人的旅程。

如果没有因为不安而选择妥协，而是继续怀着焦躁的情绪，开始尝试迈步，拍拍自己身上的灰，顶着青黑的眼圈，浮肿的脸庞，用粗糙的手指叩响前方的门，那么你会迎来另一个阶段。

希望你和我一样，不再害怕未来

　　没有人是一座孤岛，我们都是社会的一分子，所以你肯定会经历我现在所处的时光，无论是你已经经历过还是未曾经历，你都一定会通过工作与社会连接。我想来谈谈一个普通大学生从象牙塔里走出来即将面对社会的迷茫和彷徨，希望能帮到现在如我一样正在害怕、迷茫、彷徨的你。

　　我们总说要努力，其实我们并不知道为什么去努力，该怎么去努力。学校通常灌输给我们的是书本里死的知识，诚然知识很重要，但知识是需要累积的，需要一个厚重的沉淀过程，我们在学校里习惯被老师带着走，而非自己走。可是当你走出象牙塔的时候，你会发现你没有勇气面对赤裸裸的现实。你，被保护得太好。就像一个常年在无菌室的病人，他承受不住一颗小小的细菌，一招致命。

　　所以当很多的路摆在你面前的时候，你该选择哪条，怎么选择你才不会后悔，怎么选择你才会通向你想要的未来，怎么选择才会变成更好的自己，让你有些迷茫。创业？考研？公务员？企业？打工？你不知道。其实，也没有人知道未来的你究竟选择了哪条路，因为我们都没有预知的能力。

　　我们是生活在最当下的小人物，每个人内心里都有一个英雄梦。我们从内心就认为自己是一个正义的伙伴，只是后来看过太多的残酷现实，我们逐渐退回了安全的贝壳里，不去尝试就不会受伤，不去出头就没有流言蜚语，慢慢地我们所理解的正义变成了各自安好，自扫门前雪。

　　你肯定也会追星吧，有时候追的并不是自己很喜欢那个明星，而是因他身上闪耀着迷人的光芒。他很耀眼，他做到了你做不到的事，他成为你想成为的人，他轻而易举地得到了你想要的一切。所以，即使我不追星，我还是很支持别人追星的。因为那形同于信仰，有了前进的方向，给人无限动力。

我即将面临毕业，普通大学、普通城市、普通家庭、普通样貌、普通才能，普通二字像一个紧箍咒，牢牢箍在我的头上。每当听到别人说他爸妈已经给他找了工作单位，每当听到别人说找到了工作，每当看到没有上大学却赚很多钱的人时，庸俗的我总会忍不住羡慕妒忌恨：读了这么多年的书，要是万一我毕业后没有找到自己喜欢的工作，万一我每个月工资只有1000块，万一所有人都拥有了梦想中的职业除了你，怎么办？

有人说，你才20多岁，为什么怕做选择？其实，一切不过是因为想太多，我在害怕未知的未来。

前段时间看了一篇很棒的演讲，白岩松的。当时没有想明白，现在回想，确实句句戳心。

"如果我们要为未来忧虑的话，你拥有一辈子的机会，难道你会为了你的未来，一辈子的忧虑吗？"

"爱你现在所在的时光。过去的已经过去了，较什么劲呢？未来的还没有来，你在焦虑什么？你知道什么叫真正的恐惧吗？真正的恐惧不是血肉横飞的画面，真正的恐惧是调动你的想象力，把你自己吓着了。"

曾经幻想过诗与远方，可是却慢慢迷失了方向，看不到灯塔，所以一直彷徨。我原以为黑暗中只有我一叶孤舟，可当我穿过黑暗，回过头去，原来大家都一样。人不能与他人相比，而要与自己比。今天的我比昨天优秀，今天的我比昨天进步了一点点，就很好。你说羡慕，就去努力；你说努力，就去行动。更何况，有时候努力是因为别无选择。因为浮躁，所以彷徨，所以迷茫，所以害怕。害怕中的你什么都做不了，无所畏惧才能无坚不摧，披荆斩棘。

其实每个人都害怕未来，每个人都害怕没能做自己想做的事，没有变成更好的自己，没有遇见对的人。你只是其中的一分子，可是当你一切都无所畏惧的时候，你会发现天变得更蓝了，花变得更香了，你也变得更美了。

量变最终会达到质变的，道路是曲折的，前途是光明的。尽情去尝试吧，创业也好，做明星也好，自由职业者也好，研究生也好，公务员也好，打工也好，街头卖艺也好，那都是你的选择。你可以把生活过得很精彩，不单单是因为职业，更是因为你自己。

本来人就应该活得不一样，哪怕你最后月薪还是1000块，哪怕你没有穿上西装制服，哪怕你没能随手付款请客，你也还是正在通往你想要去的路上，你也一定会到达你想去的远方。

后来与好友聊天才发现，无论是现在在专心备考的同学，还是正在认真找工作的同学，或是在各地旅行的同学，其实我们都一样。因为年轻，因为不懂事，所以彷徨无措，甚至不知道该与谁来诉说，因为没有经历过的人不懂，跨过的人又会觉得这只是一件小事，本来就没有感同身受这种东西。

也许天气正好，也许在看的书正好，也许窗外的鸟儿叫了，忽然之间发现我已经不再害怕未来了，也不想再为未来担忧。现在的我正走向想到的地方，也许一两年内不能实现目标，那么就用三年来实现。也许过程很辛苦，可是我在做着我喜欢的事情，苦的也是甜的。更何况，我担心的障碍百分之八十都是不会出现的，它们只是心魔，我要做的是战胜百分之二十的困难就好了。

希望你和我一样，不再害怕未来，成为更好的自己，实现想实现的目标，到达想去的地方。今天的我，就是比昨天更美好的自己。

教育，要学会等待

　　一个在中国受过22年教育、在美国留过5年学的小伙子回到国内，却找不到一份理想的工作。他想应聘到几个声望较高的中学学校当教师，却过不了最终的面试。

　　每次面试，小伙子都是花大半个小时给听课的学生讲"对数"的概念。什么是对数、它的历史，以及它以后可能有什么样的应用，小伙子都讲得十分透彻。

　　这些学校领导听到最后却都只给出一个评论："一节课只讲一个概念，这样的教学效率太低了。"

　　小伙子却不改初衷，继续一次次讲"对数"，一次次碰壁。碰了半年多之后，情况大转180度——一个推崇另类教育、声望极高的中学花高薪聘走了这个在别人看来讲课毫无效率的小伙子，把他当宝贝一样供起来。

　　小伙子在这所中学面试时，校长刚好在场听课。听完课之后校长单独把小伙子叫到办公室，问他为什么在大半个小时的时间里只讲"对数"。小伙子回答说："我觉得，让学生们明白他们现在学的知识对未来有什么用，是非常重要的。"

　　校长听完赞许地点点头："我看得出来，因为你刚才在课堂上把对数在未来生活当中的用处讲得十分清楚。"

　　小伙子看校长心情不错，就试探性地问："如果不介意的话，您听我讲一个小故事？"

　　校长点了点头。

　　"我一个亲戚的小孩，在他一岁半的时候曾经回过一趟老家。这个孩子刚刚学会了叫'爸爸''妈妈'，却没有学会叫'姥姥'。孩子回老家后遇到了一大批他应该叫'姥姥'的人，于是乎，这批姥姥围上去想教他叫'姥姥'。孩子的妈妈急了，对众人说：他稍大一点自然一教就会了……可姥姥们哪听她的，争先恐后去抱孩子，一口一个'姥姥'，让孩子跟着学。几天下来，姥姥们教得眼睛都发直了，可孩子还是不会说'姥姥'。过了半年时间，已经两岁的孩子再次回到老家，这次，妈妈只轻轻指着一个老妇让他叫'姥姥'，他就很清晰地叫了出来。"

说到这里小伙子问："孩子两岁能轻易做到的事情，大人非要在他一岁半的时候讲效率，您觉得这样的效率可取吗？"

校长会心一笑："的确，无论哪个国家的教育，都该顺应人性。教育最终要干什么？就是要唤醒学生的内动力。怎么唤醒？靠外力是远远不够的，我们必须让学生知道学习的目的是什么。一开始的时候，我们或许会花费很多时间。"

小伙子接过话茬："这些时间看上去有点浪费，但一旦把学生启动起来，他在未来就会有非常大的加速度。"

校长点头："所以，教育要学会等待。"

聊到这里的时候，校长已经向小伙子递出了签有自己名字的聘书。

花非花，叶非叶

　　发现枇杷开花，确实是个意外。

　　初冬的下午，去公园散步，驻足小憩时，谁知就站在枇杷树下。我下意识地攀住一根枝条，见枝头攒动着一串串似花非花的东西。正因为这似是而非，反倒引起了我的注意。

　　抱肩，仰头，仔细看时，高高的枇杷树每一根枝条的顶端，几乎都有这样的东西——毛茸茸的、近似赭色的主茎的周围，派生出一簇簇豌豆般大小的颗粒，紧紧地挤在一起，给人一种抱团取暖的感觉。有的业已绽开五片很小的花瓣，颜色介于白色与黄色之间，均匀地围在细细的、密密的花蕊周围，凑上去闻闻，还有淡淡的芳香。至此，我断定，这就是枇杷的花朵！

　　枇杷开花了，竟然选择在这不该开花的时候。芙蓉谢了，菊花凋了，偌大的公园，几乎寻觅不到花的芳踪。

　　静静地站在枇杷树下，痴痴地笑起了自己的无知。我虽然没有"东园载酒西园醉，摘尽枇杷一树金"的机缘，却也是一位爱吃枇杷的饕客。每到麦老枇杷黄的时候，总要到水果市场买一篓三潭枇杷。一个年年都吃枇杷、天天都见枇杷的老者，竟然不知道枇杷的花为何物，实在是可悲可叹！

　　我仍然站在枇杷树下，痴痴地端详着那些并不美丽的花儿。不期来了两位年龄在五十岁上下的妇女，一个人拿着一个红色的大布兜儿，径自来到枇杷树下，旁若无人地摘起了枇杷树叶来。

　　"摘这叶子，干啥？"我好奇地问。

　　"用这叶子熬水，可治肺热咳嗽！"回答得很快，是一种不屑的口吻。

　　原来枇杷的叶还有治病的功能。我目睹这二位风卷残云般的行动，不得不好心地提醒她们："小心，不要碰落枝头才开的花。"

　　"这也是花？"一位妇女反问，继而两位都咯咯地笑了起来。

　　这一笑，笑得我无言以对。一个不知花为何物，一个不晓叶有何用，半斤八两，应该算是同一类型的人物了！

　　回家的路上，在我的脑海中浮现出一连串问号：不多姿，亦不多彩，但是可以结出甜蜜的果实，这样的花，能叫花么？只看重眼前的所得，忽视背后的一切，这样的人，是不是也太功利了一些？

　　不悦人眼不追风，或许这就是枇杷花难能可贵的品格，若不，为什么它的果实那么金黄，那么香甜呢？

每一种鲜花都有盛开的理由

　　好友小美举办钢琴独奏音乐会，结束后的答谢宴上，遇到那位她常挂在嘴边的女郎。她是带着男友前去祝贺的，一进大厅，就像王熙凤进了大观园，带来一股热闹的气息。她与每一位碰杯，都好像是熟悉的故人，笑语嫣然，互留电话，亲昵地靠在他们的肩膀上拍照。她朗朗的笑声回旋在整个大厅。在座很多都是恬静高傲的艺术系女生，从她们的笑容里可以窥见，心里对她自有看法。

　　那天，我们都穿黑白紫色的晚装，她穿了一条艳丽的吊带花裙，柔顺的长发上带着粉红色蕾丝发箍，发箍上还吊着大大的蝴蝶结，细高跟，像从某部民国电影里出来的人。后来才知道，她果然在第二天就要上一部戏，在一部抗日题材的电影里演女八号。端起酒杯时她的开场白是这样的：哥，姐，明天我要上戏，不能多喝，只干这一杯。隔壁同是音乐家的一个女孩冲我嘀咕：她是谁啊，真有趣，小美还有这样的朋友。

　　我没有回答，但也有诸多疑问。

　　再见到她，还是在一个聚会上。她坐在好友身旁，神秘地讲述着自己最近正在做的项目。为一家公司上市找关系，为一个濒临破产的企业拉投资，说着，她翻出与某位名人的合影，在我们面前晃了晃：看，这一次就去拜望了他。

　　她走后，女友似乎猜中我的心思。问：你一定有很多疑问吧，想不想听听她的故事！

　　于是，我就听到这样一个故事。

　　她在一个机关大院长大，父亲在她4岁那年进了监狱。从那时起，母亲患上轻度精神病，一阵明白一阵糊涂。没有亲戚的接济，他们只能靠祖母低微的退休金生活。她是大院里最漂亮也是最脏的女孩，没人为她做饭时，到了饭点儿她就去邻居家闲坐，为大人择菜，陪小孩玩耍。有一次，她到小美家看到了一架钢琴，左摸右摸，到琴凳上坐了坐，又恋恋不舍地下去了。这种生活一直持续到16岁，爸爸刑满释放，但多年的牢狱生活已经让他渐渐老去，对生活失去了斗志。

她曾经日思夜想、期盼着能带给她安全感的一个人，却以这样的方式回归。从那一天起，她就开始闯世界了。她做过很多行当，身上常常带着名片，见人就发。一次，小美不慎卷入一场三角恋情，犹豫不决时去问她的意见，她听完就躲到卫生间哭了，冲外面的小美说：我总觉得，咱挺好的姑娘，不至于这样……

这是她的底线。

所以，她的大好青春就忙在与客户应酬、喝酒、做演员上。折腾一番，也为家人买了新房，为自己购置了豪车，还给父母出旅行经费。

她一个人，撑起了门户，使那个家看起来清新美好。父母都老了，行动变得迟缓，沉默寡言，不爱出门。但她知道自己曾吃过百家饭，每一次大院里有婚礼，她都要牵上二老，左一个右一个，奉上鼓鼓的红包。一家三口坐在大厅里，她一会儿给父亲夹夹菜，一会儿给母亲盛个汤。

她的新家，客厅里放着一架三角钢琴。她始终不会弹钢琴，连母亲都学会弹一两支曲子了，她还是没有碰它。不过她会细致地擦拭它，有时坐在琴凳上，一坐就是很久。

世间鲜花千万种，上帝永远不会独爱哪一种，每一种鲜花都有盛开的理由，你有你的光环，怎知她也有她的傲骨……

给自己一张信心的纸条

参加大学自学考试时，我认识了一位同学，每次考试前，我都会在考场外见到他，他总是神情紧张。每过一小会儿，他就会跑进卫生间，我知道他的确非常紧张。

后来，我还从他的身上发现一个"秘密"，他竟然夹带小纸条，放在贴身的衣服里。我对他说："要是被老师发现，不仅会被取消考试成绩，还会通报所在单位领导。"

他说："这我当然知道，但我一考试就会紧张，怕考不好，后来我发现，把一些写满知识点的小纸条放在衣服里，心里的紧张感就会减小不少。"

他的准考证号码数字比我小，他总是坐在我前面。每次考试，我都会偷偷地观察他有没有从衣服中取小纸条，但我从来没有发现过。

后来，我换了新单位，他则去了省城的一家公司。大概两年前，他来找我，说是参加了公务员考试，后天下午就要面试了，他让我帮他准备几道面试题目，看他的神情，又是一副紧张兮兮的样子。

我开玩笑说，现在面试你总不会带看小纸条进去吧。他说："我这个小毛病改不了了，我还是想带小纸条进去，这样可以缓解我的紧张情绪。以前，我考试、招聘考试时夹带着小纸条，心里会踏实很多，信心也更足了。"

心理学家说，紧张是所有人的通病，它可以让人词不达意，做出错误的判断。每个人缓解紧张的办法不同，但有一点是相同的，就是必须要给自己以信心。

夹藏的小纸条，他根本不套用。但是，小纸条却能给他依赖、信心和力量。

把自己打磨成钻石

传统的钻石工艺一般只能将一颗钻石切到57面，后来只有少数的工艺大师能够突破这个数字，他们不但技艺超群，而且浑身是胆，否则是没有勇气将一颗钻石推到美的巅峰。

"玉不琢，不成器。"对于人生，我们理应抱着不断雕刻自我的态度，最终才能成材、成功。

拥有青春的人更应该视自己为一颗等待完美切出的钻石，因为年轻人胆气最足，站在人生的开端，前方又呈现出诸多可能，如果仅仅做到一种可能，是对生命的很大浪费。青春绝不是一个削足适履、故步自封的过程，而是一个不断打破模子、百变新生的过程。我们承认一个人一生做好一件事情足矣，但是如果你完全有能力做好更多事情呢？一根木头也许雕刻一刀就承受不了了，而一块璞玉呢？就需要雕刻更多刀，才能够呈现出一个完整的层面。对于一颗钻石来讲，即便切上许多刀，也是远远不够的，57刀似乎够了，但恰恰有人切出了80多刀，于是一个惊世传奇诞生了，正在人们啧啧赞叹时，又有一个人切出了100多刀，这难道不是更大的奇迹吗？所以，如果你是一颗钻石，就不能将自己当作一块璞玉，更不能当作一根木头，而要根据自己的特质，不断地发现自己、成长自己、收获自己，不遗落每一面，不浪费每一面，当进则进，当止则止，让不同的光芒闪射出来，让全部的精彩呈现出来，这才是对人生真正负责的态度，才算没有辜负了大好青春。

退一步来讲，即便我们永远做不了一颗钻石，如同我们也许永远做不了达·芬奇式的完美天才，也并不妨碍我们将一件事情、一项工作、一份事业做成一颗"钻石"。中国台湾年轻演员桂纶镁就是这样经营着自己的演艺事业，通过自我较劲、自我拧巴、自我叫板，终于让她的事业呈现出不同的切面，赢得了特立独行不同质的赞誉。有人评论她是《不能说的秘密》里的氧气美女，也是《线人》里的黑帮阿嫂，是《女人不坏》里的朋克女郎，也是《全球热恋》里的神经质女生……她一直在颠覆自己、挑战自己，当我们渐渐淡忘了她最初的模样时，她又挟着《肩上蝶》强势回归清纯校园风。

我们不妨将桂纶镁看作青春奋斗者的一个榜样，她不但勇敢地打破了传统演艺路线的桎梏，而且成功地呈现了崭新的青春风采，告诉我们哪怕只做一件事情，只要敢于不断切割它、创造它，同样会带来更多可能、更多精彩。这样的人永远不会被失败吓倒，因为他不是为失败而来，而是要用新的胜利战胜旧的胜利，做事就是做人，做人就是挑战，挑战就是要一刀接一刀地雕刻自己，一面接一面地切割出自己的光彩。

用桂纶镁自己的话来说："我总觉得自己还是有很多璀璨的切面没有展现出来，我一直知道，自己身体里还有很多东西没有呈现出来，光是去想，下一个桂纶镁会是什么样子，这已经是意见很美妙的事了。这就是我不停挑战，跟自己较劲的原因，我不想错过每一个切面的精彩。"这番话很好地诠释了钻石切割者应该具有的宝贵品质。只有如此，做事、做人才会有做成钻石的希望。

法国作家玛格丽特·尤瑟纳尔说："我永远也不会被战胜，我只会由于露露战胜而被战胜。"这正是在告诉我们如何将自己切成一颗钻石的奥秘，也是再激励我们：下一个自己，一定会更加光彩夺目！

你的影响力，究竟有多大

每个人都有影响力，你的影响力有多大？其实某些时候自己都不觉得，但潜移默化地，你会默默渗透到别人的生活中。曾经有那么一段时间，我工作非常有激情。我有一大学同窗好友，在银行工作，很能干，但她业余是个文青，大学时代曾在校报舞文弄墨。于是，空闲一起喝茶聊天时，我跟她聊起一些组稿过程中遇到的有趣的人和事以及相关的生活方式，我聊得两眼发光，她听得兴趣盎然。后来的情况太意外了，也许是一种潜在影响力，酝酿已久，她居然因为一个机会从银行辞职南下广州，去了一家全新的媒体，操起了文字业，开始实现自己的一些梦想，她干得风生水起，再后来又因为家庭原因移回武汉某媒体，干得也相当不错。现在，她早已跨越了一大步，去了新加坡，然后准备移民澳大利亚，一步步在改变自己的生活。我不敢说我有多大的影响力，实在是人的造化连自己都想不到，人生无数个偶然成就了必然。我想起了曾看到的一句话：人不是因为看到了才会相信，而是相信了才会看得到，想法决定行动。

我也一直忘不了对我产生过影响力的一些人。曾经在深圳出差时，我遇到了一个非常有意思的女人，她跟我聊起她旅行时住过的客栈，聊起在云南某地看到一个老人手上拿着一只饼，晒着太阳靠着墙脚睡过去，然后醒来接着吃饼……聊起自己在深大当客座教授时毫无章法，只讲自己旅途时遇到的经历，用经历去感染人，课堂座无虚席……她当时的言语和表情就深深感染了我，让我看到人生的另一种活法，从此我开始踏上了旅途，一路慢慢走，阅尽无数风景，想法也在慢慢改变，人生变得更开阔积极。

还有一位友人，对美食的描述出神入化，能够把一碗鸡汁面描述得淋漓尽致；能拎着一瓶酒、一个小菜去自己所在城市的酒店，坐在地毯上喝一下午的小酒，透过高层的落地玻璃看自己熟悉的城市，这只是为了变换一下被杂事占得太满的心情，换一种思路去考虑问题……她能把豆芽炖出骨汤味，真正是聪明清灵到极点。她对我的影响力很多年一直存在，我更加热爱生活，更懂得为自己的人生找出口，更懂得如何在烦躁的世事中不从众，不躲避，只是在心中修篱种菊，坚持一条属于自己的路。

有一位友人，被我称作"氧气女友"。她从来不知道什么叫着急，什么叫焦虑，从来都是够了，不需要那么多，她是人大的高才生，却选择了当全职太太。她很安心，从来不知道什么抓心就要抓胃之类的驯夫术，她很放松，心无旁骛，天又塌不下来，那么急干吗？一个女人，从来都不是你敢做什么，而是你敢不做什么吗？她是我见过的最敢放弃的人。一看到她，我就觉得的确没什么好焦虑的。她的签名档经常变化，非常灵动：有时是"孩子，月子，日子"；"贤妻，良母，远离江湖"；"出来混，总是要变胖的"……每次我都忍不住哈哈大笑。真正大聪明的人，才知道如何放下。她被别人问到在哪儿工作时，相当坦然：家里蹲大学了。别人说什么，跟她何干？她不是为别人在生活。

当然，还有一个，虽然多年来一直很少见面，但是我一直默默关注的朋友。她真是把美好使用到了极致。某些时候，她给我带来了审美方面的巨大影响力，她能把一件白衬衣穿得出神入化，能够把黑灰色的简洁空间演绎到丰富到位，她设计的简·爱系列衣服，有一款名为"干草小径"，是用骑士风格来纪念简·爱与罗切斯特先生的邂逅，因为，在那一刻她将他的马惊吓到了……她懂得美，品位相当了得。女人的品位太重要，一个女人，懂得用最精简的方式来为自己加分，懂得经典持久是什么，某些时候，旁人也是为她的精彩鼓掌的。

现在，我常想想，我能产生什么影响力吗？是否正面？是否让朋友们受益？很多时候，你在影响别人时，受益最大的其实是自己。

让小辉上吧

今天上午，我接到了小辉打来的电话，他说自己升职了，被调去北京，想在临别的时候请我吃饭，道个别。听到这个消息，我马上就高兴了，心想又能大吃大喝一通了。这几年里，我慢慢体会出了这样的道理，培养的好学生越多，我就有越多机会喝到好酒。没告诉你们，我是喜欢酒席的，尤其是庆功的酒席。

高兴之余，我突然意识到自己的兴奋似乎只在于等待饭局，对于小辉的升迁却毫无惊喜。是啊！根本就不惊喜，这是早已预见的结果。4年前，第一次打交道，我就可以肯定这孩子很快会在职场中顺利发展，今天的电话，恰好是个证明。

那是一个暑假，我跟几个老师一起为《市场营销》课程申请精品课。为此，我们需要制作一段讲课的视频，通过视频体现一下实际讲课情况。因为是暑假，我们找不到足够的学生，没法拍实际上课的情景，于是，紧急招呼了十几个本地的学生参与视频录制。

为了让视频看着漂亮，我们挑了四个形象好、气质佳的帅哥美女做主角在课堂上发言。由于时间紧急，我们只有一天排练时间。在排练的那天，帅哥美女因为各种原因，悉数没到现场。在这种情况下，我们只好再找四名学生来代替他们串串词，测定、调试一下整个过程的时长。

这四名学生的角色，很显然是跑龙套的，帮着练练时间，正式录制时是不会上场的。小辉正是龙套演员之一，并且也是表现最二的。别的学生都是拿着稿子念，只有他是脱稿，并且是加入了自己的理解讲的。看着他如此投入，我先是有些惊讶，继而不好意思，因为终究是在正式录制时不会让他上场的，最后，还有些内疚，觉得这孩子挺傻挺天真的，不过就是串串词，测测时间。

正式录制的时间到了，四大帅哥美女全部到齐，安排停当之后，录制开始。录制过程并不顺利，有一个帅哥始终不能把台词说得像真在上课，导演狂喊CUT。我的心里暗暗着急。大概进行了两个小时的反复试验，帅哥的状态始终不能入戏。我们等不了了，不能因为一个人而耽误了大事吧，于是，一个备用方案呼之欲出。

写到这里，你可能也会毫不犹豫地给出建议——让小辉上吧！那一刻，我惊讶地发现，这个答案居然那么显而易见地由所有老师一致提出，而这一切，都源于小辉在排练时不合常理的投入。没料到，在最后一刻，角色惊天逆转，龙套演员小辉顺利地成了主角，并且表现得最为抢眼。

精品课的事过去了，但小辉给我留下了深刻的印象。他像是给我和其他老师上了一课，告诉我们龙套演员是如何能够成为主角的。那件事后，我产生了一种感觉，如果按照小辉的思路去做事，前进的道路上似乎再也看不到障碍。他的思路应该是这样的：不论环境是否健康、机制是否公平，只管实心做事，奋力前行！

作为一个年轻人，在职场中，你是弱势群体。你的能力不高，经验不足，这个阶段最重要的主题是学习、成长、提高。你的精力毕竟是有限的，与其探究社会的不公、职场的欺诈，不如学习小辉，先把事情做好了再说，先把能力提高了再说。在这个过程里，你的专注可以抵消一万种不公平，因为当你把自己投身在事里的时候，就忘了公平。

奇妙的是，忘了公平的小辉，反而得到了最公平的回报。没有关系，不是帅哥，仅凭着专注与执着，龙套演员出身的小辉，在校园学习与职场工作中一路飞奔，将同龄人远远抛在了身后：上学期间作为唯一的高职学生候选人，当选为"十大创业大学生"；工作之后，进入中国最著名的广告公司，三年连续升迁，成为管理幅度达到若干省份的大区市场营销经理。这是毕业仅仅三年之后的事。

忘了公平，才能得到公平。

人生是场马拉松

回老家时，我参加了高中同学的聚会。高中的时候，我的学习成绩在班里处于中下游，高考的时候，连个大专都没考上，读的是中专。我们班长那个时候学习非常好，考上了重点本科，毕业后，在市内一家单位做办事员，不久前单位精减人员，他刚刚下岗。

我是开着私家车去参加聚会的。在饭桌上，班长与我说话的口气酸溜溜的，还调侃我是不是中彩票了，好像我现在拥有的一切不是靠自己的能力而是凭着运气得到的一般。我能理解他，当初成绩在班里处于中下游的我，居然现在在外企里做财务主管，有了车子，还在北京买了房子，他怎么会服气？就凭高考的时候，他比我多考了近200分，他也有理由愤怒。

但是，我这一切并不是靠运气得到的……

高中毕业后，我灰溜溜地去济南读了中专会计专业。为了毕业后能找到工作，入学不久，我就开始考会计专业的大专文凭。我中专毕业的那年到一家小厂里做了出纳，拿着微薄的薪水，业余学习，继续自考。毕业后的第二年，我的大专文凭拿到了手，我辞职去了北京，在北京密云的一家家具厂做会计。在找工作的过程中，我明白职称非常重要，我就报考了助理会计师，然后是会计师。在我通过了会计师以后，我就考注册会计师。

取得了会计师资格证书后，我辞职去了中关村，在一家电脑公司里做会计。那时我白天工作，晚上学习，每天凌晨两点前根本没有睡过觉。我每月里有两三次迟到，全部是因为发困而坐过了站。那个时候，吃饭、租房子、周末上辅导班的学费，加上购买书籍、报考费，等等，钱根本不够用，我不舍得吃好菜，穿得也很寒酸。在最困难的时候，我把我1000多元买的手机在二手手机市场，以100元卖掉……

在我拼死拼活的努力下，我终于通过了注册会计师的考试。拿着注册会计师的证书，我进入了一家外企财务部上班，3年后，被提拔为财务部主管，年薪拿到了20万。

从助理会计师、会计师、注册会计师，每考一个证，我都感觉自己像死过一回一样！当我看电视剧《士兵突击》的时候，许三多说："我每换一个环境，就像死了一回似的！"我的眼泪一下子喷涌而出，因为这句话一下子使我产生共鸣，让我想起这些年的一路艰辛……

吃饭的时候，班长一直发牢骚，说没想到工作几年后，居然下岗了！一个同学说道："你一个重点大学毕业的高才生，下岗了怕什么？出去找个外企施展自己的能力，不是更好？"班长苦笑说："自从大学毕业，就是学会了喝酒，学会了打牌，学会了侃大山……整整9年了，专业书一次都没翻过，大学里学的那些东西，也忘得差不多了！"

那天吃完饭，班主任拿出个笔记本，让大家每人写下一句话，作为这13年来的感悟。我写的是："人生是场马拉松，我们都是马拉松选手，稍一懈怠，就会被很多人超越！"我相信聪明的班长一定会明白我这些年跑得多么辛苦，我也希望他能够振作精神跑起来。

人生是场马拉松，没有人会一直领先，漫漫长路上，总有很多机会追赶。

失之棉花，收之桃子

那时，我刚刚升入初中，数学成绩就开始掉队了，这对我心中一直想成为经济学家的目标打击很大。

回到家，我阴沉着脸，缄默不语。父亲看到我情绪不大对，关切地问："孩子，在学校有什么不愉快的事情发生吗？"父亲不问不要紧，一问我便开始小声抽泣起来，嘴里断断续续地说着：今天在课堂上，同学嘲笑我把一道函数题做错了，这让我很没面子。

没想到父亲哈哈大笑起来，原来是这么一点小事啊，只要以后迎头赶上就是了，没什么大不了的。受到安慰和鼓舞，从此以后我每晚都挑灯夜战，苦心练习数学题目。父亲也深知，我的性格是争强好胜的，不拿到第一誓不罢休。

可是，半年过去了，我的数学成绩依然很不理想，一气之下，我愤怒地撕碎了数学课本，号啕大哭。父亲看在眼里，没有震怒，也没有呵斥我。

那会儿我家靠近山坡，在山坡上，父亲种植了一片棉花和一片桃树。夏末时节，盛开的棉花像天上的云朵，粉红的桃子挂满了枝头。

几天后，父亲对我说："我和你妈妈要去城里办事，你自己去山坡上摘棉花吧，摘完后用车推回来。"我欣然接受了这个任务。

天有不测风云，上午9点过后，本来还算晴朗的天，开始下起了绵绵细雨，摘棉花看来是没有指望了，我准备收拾东西回家。

我推着车子，在路过果园时，看到一棵果树上还有少许的桃子没有摘完。于是，我灵机一动，爬上树干把剩下的桃子都摘了下来，然后心满意足地回家了。

回到家，父亲问：棉花摘得怎样？我从兜子里掏出几十枚桃子，递给父亲说："天下雨了，棉花没摘完，但我把您剩下的桃子都摘完了，这也算是成绩吗？"

　　父亲很兴奋地把我搂在怀里，一个劲地说："当然算了，你今天完成一件非常了不起的任务。"父亲的一席话，让我感到云雾缭绕。

　　原来，这一切都是父亲的安排，他故意留了一棵果树没摘完，故意雨天让儿子去摘棉花。父亲语重心长地对我说："世上有走不完的路，也有过不了的坎。遇到过不了的坎就要掉头而回，这是一种智慧，但更伟大的智慧还在于发现身边的机会。你今天没摘完棉花，但你摘下了属于自己的那些桃子，不是一样很有成就感吗？"

　　父亲的话让我醍醐灌顶，他是想找一个最佳渠道来启迪我，鼓励我。我经过反思，心想自己日后或许不能成为经济学家，但我从小还有文字梦想。随后的日子里，我笔耕不辍，用文字来记录自己和他人的纷繁人生，而今我已成为各大期刊的写手。

　　在人生的道路上，打开思想的桎梏，摘下属于自己的桃子，抱定这样一种生活信念的人，一定能实现人生的突围和超越。

找到适合自己的方向

少年时就爱上书法的他，因为家贫，没有闲钱买墨水和纸张。母亲便找来一支别人废弃的毛笔，用小桶盛了淘米水，让他在家里的水泥地上练字。

有了写"水字"打下的书法基础，他的作业字迹俊秀、结构洒脱，看着让人心情舒畅，是老师最喜欢批改的那一类。

上了高中，他从《书法》杂志上初次认识并了解了篆刻艺术，那些刀法稳健含蓄、方圆互用的印章让他对篆刻产生了浓厚的兴趣。课余时间，他便找来削铅笔的刀片，在砖头和瓦片上刻了起来。

刀片很薄，一使劲，便折断了，家里好几把削铅笔的小刀都被他在砖头上刻字弄断了，怕妈妈训他，他只好撒谎说刀子丢了。

妈妈很快便发现了他的秘密，不仅没责怪他，还省下钱，给他买回了一把专门学篆刻的刀。他学篆刻的劲头更高了。

他找来一些汉印的篆刻作品，比着葫芦画起瓢。因为手法生疏，缺乏老师指导，指头被锋利的篆刀割破是常有的事。看着他手上深深浅浅的伤痕，妈妈心疼了。他却笑着说，这点儿伤算什么？

高中毕业，他没考上大学。本想复读再考一次，可是想到家里拮据的经济，还有正上中学的弟妹，他咬咬牙，把复读的愿望咽了下去。

他到一家工厂找了份钳工的工作，开始跟钳子、锯、锉刀打交道。劳累的工作没有消融他的梦想，业余时间，他仍然喜欢搞事业——篆刻。但是工资除去生活费，大半用来给弟妹交学费了，市场那些昂贵的白钢篆刻刀，一直是他想要而不舍得买的奢侈品。

一个偶然机会，他将师傅干活报废下来的一把锉刀磨成了篆刀，想看看能不能代替白金刀提高篆刻作品的精细度。没想到，这个小改革令他的篆刻作品质量猛升——笔画弯转更显自然，印面也更显得浑厚端庄。从此，用废锉刀改制的篆刻刀，成了他的"独家兵器"。

一把把废锉刀经过他精心改造，比价格昂贵的白钢刀还好使。意外的发现，令他兴奋不已，也给他的人生带来了转机。

公司重视企业文化，经常组织职工文体活动，在举办的几次职工篆刻比赛当中，他都名列榜首。那些绽放在方寸间的造型艺术，或厚重肃穆，或圆润古朴，很见功力，很快，他成了公司小有名气的篆刻家，并渐渐走进了市篆刻协会会员的行列。

单位领导惜才，调他到政工科做宣传干事。工作性质和环境的改变，让他在篆刻艺术上有了更多提升和发挥才能的余地。但是，与身边那些高文凭的科班同仁相比，他明显底气不足：自己没后台、没文凭，在这个位置能坐多久？

一想到这里，焦虑便如潮水，从心底涌出。他拿起篆刀，闷闷不乐地刻着宣传标语。

突然，一个想法，如闪电，传过他的大脑：手里这把篆刀原来只是一把报废了的锉刀，价格远不如专业的白钢刀。但是，经过他用心的磨削改造，性能已超过了白钢刀。他为什么就不能把自己磨砺得比科班的宣传人员更有价值呢？

他开始找来专业的新闻写作书籍学习，不断提高自己写通讯、消息的能力。业余时间，他继续在篆刻上发展，并试着摸索一条将爱好与宣传工作结合起来的路子。

功夫不负有心人。一年后，频频在内刊发表新闻稿的他，走进了公司优秀通讯员的行列。公司安全月宣传，他精心篆刻出"安全是福"；单位抓廉政教育，他又及时刻制出"镜鉴"；春节，他乐呵呵地篆刻出"百佛祈福"；五一，他又满怀激情地篆刻出"劳动光荣"……一枚枚印章，都是缩龙成寸的精品，疏密有致，顾盼有情，饱含了他对企业深深的祝福。

在宣传工作上的出色业绩，让他这个没有文凭的"土八路"有了立足于科班宣传干事间的自信。他的职场路，因为他的努力，越走越宽。

业余时间，他广结善缘，积极参加省市级各类篆刻艺术比赛，作品被报纸专版刊登，姓名入编《中国现代书画篆刻界名人录》。之后，他加入了省篆刻协会，被业内人士推选为某书画院秘书长，他的篆刻作品被很多人高价收藏。一时间，出身卑微的他拥了众多粉丝的欣赏。

有人向他请教成功的秘诀，他笑着拿起那把篆刀：篆刻作品的成功与刀具的贵贱无关，关键是要找到最适合自己的那把刀。做人，也当如此，要想成功，只需认准方向，并努力将自己磨砺得比他人更有价值。